メコンの大地が教えてくれたこと

大賀流オーガニック農法が生み出す奇跡

Harmony Life International Co., Ltd.
Harmony Life Organic Farm　代表

大賀　昌

カナリア書房

プロローグ

地球環境を真剣に考えるとき

先日、熊本県でホウレン草を栽培している農家の方からお電話をいただきました。その内容は、「地球温暖化で気温が高く、去年はホウレン草の収穫が激減した。どのようにしたらこの温暖化でもホウレン草が栽培できるのでしょうか?」という内容でした。また、私の友人が佐賀県で無農薬有機米を作っていますが、やはり温暖化の影響で気温が高くなってきているので、お米の栽培品種を選択するのがとても難しくなった、と言います。このまま地球温暖化が進めば、現在使用している品種では栽培が不可能になると懸念しています。ところが、昔は寒くてお米の栽培ができなかった北海道では、地球温暖化もあって現在はお米の一大生産地になっています。また、お米や野菜に被害を与える害虫も、今まで日本に生息していなかった熱帯系の種類が増えています。これも地球温暖化の影響です。このように温暖化で気候が変化することはすべての生態系を狂わせ、様々な問題を引き起こします。

ある科学者の発表では地球の平均気温が1・5℃上昇するだけで、地球上に生息する生物種の約30％が絶滅するそうです。ある生物種が絶滅することは、すべての生物の生態系に影響を与えます。なぜなら、すべての生物種は何らかの形でつながっているからです。生命が誕生して今まで何千年も、何万年も生息してきた生物が、今まで生息していたところで生活ができなくなり、絶滅することは取り返しのつかないことなのです。そして、一度絶滅した生物種を甦らせることは私たち人間にはできません。

現在地球上で起こっている問題は他にもたくさんあります。オゾン層の破壊によるオゾンホールの拡大、生活排水による河川の汚染、農薬と化学肥料による河川の汚染と残留農薬の問題、地球レベルの資源不足、人口爆発、地球温暖化による海水面の上昇、拡大する貧富の差、気候変動による大型台風や大型ハリケーンの発生、大型地震や津波の発生、新型病原菌による大量感染、森林破壊、雨が降らないために起こる砂漠化、ゴミ問題、農薬や食品添加物による慢性病の拡大と低年齢化、鳥インフルエンザや狂牛病、口蹄疫などの家畜の病気など、挙げたらきりがありません。しかし、すべての問題は私たち人間が起こした問題なのです。そして、どれも今すぐに解決をしなければならない重大な問題なのです。

なぜなら、この地球は生きています。地球にも意志と意識があるのです。地球の自然浄化作用で浄化できなくなってしまったとき、地球はその意志と意識の力で変化することでしょう。そのとき私たち人間はこのすばらしい地球で生存する権利を失うかもしれません。現在、地球上の各地で起こっている大洪水や大型地震、大津波、大型ハリケーンなどの大災害がすべて偶然でないならば、その意味はいったい何なのでしょうか。それは私たち人間が築いたこの文明に対する、地球からの大きな警告なのかもしれません。

私は人間の役割を「人間だけでなく、地球に存在するすべての生き物が幸せに暮らしていける地球をつくること。人間と自然が調和できる持続可能な地球をつくること」ではないかと考えます。今まで私たち人間は、自分たちだけが豊かで幸せになることを目標としてきました。自然の中に生息する動物や植物のことを真剣に考えず、自然を壊し続けてきました。川や海は汚れ、土壌は汚染され、たくさんの化学物質（合成保存料、合成界面活性剤、合成香料、合成着色料、農薬、化学肥料など）を使い、人間にも地球環境にも不健康な食品、製品であふれるようになりました。その結果、癌や肝臓病、糖尿病などのひどい病気、ゆがんだ細胞やウイルスによる疾病、アトピー、アレルギーがとても増えてきています。そして、本来、元気な子供にまでこのような病気が広がっています。

しかし、多くの人々が気づきはじめたように、自然を破壊し、人間だけが幸せになることは不可能なようです。私たち人間が健康で幸せな生活を送るためには、自然と調和のとれた生き方を私たち自身でスタディすることがとても大切だと考えます。

この汚れた地球環境をもとの美しい環境に戻し、人間を含めたすべての生物の安らかな生活を取り戻すために、今すぐ行動しなければなりません。そして、そのような持続可能な社会をつくるひとつの大きな答えが、オーガニック農法なのです。オーガニック農法で安全で健康な農作物や食品を作ることは、人間の健康に大きく貢献します。また、農薬や化学肥料の使用をやめることで、多くの生物の生態系を壊すこともなくなります。オーガニック農法が大きく広がっていくことで、自然が守られ、環境破壊も大きく減少していくのです。

農家が直接世界へ

オーガニック農法は、持続可能な社会をつくるだけでなく、大きなビジネスのチャンスでもあります。オーガニック農法は今までの農業の在り方や流通システム、マーケティングを変革させます。そして、農家が直接、消費者とつながり、農作物やそれを使って作った製品を世界に発信することも可能になります。若者がたくさん農村に戻り、希望に溢れる楽しい農村をつくることができるのです。私が経営するハーモニーライフでは、地球環境を損なわない製品作り、オーガニック農法で生命力のある食品づくりを13年間、実践してきました。病虫害で安定した生産ができない時期もありましたが、試行錯誤の上、オーガニック農法でも安定した生産を得られる独自の手法を生み出しました。そして、農園で栽培した農作物を使用して、いろいろな製品を農園の中にある工場で、生産しています。今ではその製品を世界10カ国以上に自分たちの手でお届けしています。世界中の方々から、ハーモニーライフ農園の製品が愛されるようになりました。まさに、「農家が直接世界へ」出て行っているのです。

私は、野菜を栽培しながら、世界中の人々と直接いろいろな話をしています。果物を収穫しながら、世界へ送る製品のことを考えています。いろいろなハーブと話しながら、今までとても貧しかったアジアの農民たちが豊かな生活ができる夢を見ています。こんな楽しい農業は今までありましたでしょうか。

私は13年前まで、農業をまったく知りませんでした。何ひとつ栽培したこともありませんでした。13年前、今まで働いていた医療用具製造の会社を退社して、環境のためになる仕事をすることに決めました。それがオーガニック農法を選んだ大きな理由です。オーガニック農法は難しいと多くの人は言いますが、まったく「農業ド素人」の私で実現できたのです。みなさんにも必ずできると思いますし、今まで農業をやってこられたプロの農家の方でしたらなおさらです。

この本の中には、素人の私でも実践できたハーモニーライフ農園で行っているオーガニック農法の「秘訣」をたくさん載せました。また、栽培した農産物でつくっている製品の数々、そして、「農家が直接世界へ」出るマーケットの考え方などを記載しました。この本が現在農業に取り組んでいるみなさん、またこれから農業に取り組もうとされている方々の、大きな指針になることができれば、とてもうれしく思います。

また、農家ではない消費者のみなさんにも、オーガニックの知識を持ってもらいたいと願っています。みなさんがオーガニック食品を選ぶことで、家族の健康を守ることにもなりますし、農薬や化学肥料を使用しない農業を促進させることになります。消費者であるみなさんが農薬や化学肥料を使用しているものを選ばなくなると、企業や農業団体も利益中心の考え方を変えることになるでしょう。どうか、大きな声で農薬と化学肥料、ホルモン剤などの化学物質を使用した農作物や食品はいらないと言ってください。そのことがこの大切な地球と私たちの健康を守ることになるのです。

この本を、私たち人類と、私たちが住んでいるこの大切な地球、そしてそこに住むすべての生物とすべての存在に贈ります。

メコンの大地が教えてくれたこと　大賀流オーガニック農法が生み出す奇跡

［目次］

第3章 元気な野菜を作る

第1章　カオヤイ山脈の麓にて

熱帯の自然がそのまま残る聖地で

タイの首都バンコク。地理的に東南アジアの中央に位置するこの都市は、多数のタイ国民と、そこを行き交う多彩な民族が往来する不思議な街です。街道を少し歩いただけで、恐らく10数カ国の人々とすれ違います。熱帯地方特有の気候と、街の活気が作り出す熱気は、日本から来たばかりの人には実に独特の感覚を与えます。

今ではアジアの中で一定の成功を収め、多くの富裕層や外資を輩出しているバンコクですが、一方で未だに手つかずの自然が残っている地域もあります。そのひとつに、バンコクから北東へ150キロメートルほど離れた場所に「カオヤイ森林地帯」があります。1000~1600メートル級の山岳をいくつも保有する広大な森林地帯は、深い緑と多種多様な生物が現存する、世界的にも貴重な地域です。自然生息している野生の象や猿類、虎などをはじめ、世界最大の蝶の一種「オオサイチョウ」なども生息していることで有名です。

大いなる頂が連なるカオヤイ山脈

現在では周辺一帯が「カオヤイ国立公園」として保護され、国内外から多くの観光客を誘致していることでも知られています。また、観光のみならず、カオヤイ森林地帯を源流とするバーンパコン川は貴重な水資源も提供してくれています。

「カオヤイ」は「Khao Yai」すなわちタイ語で「大きな山」という意味を持っています。タイにとって欠かせない貴重な自然と大きな恵みをいただける地域として、多くの人に愛され続けているのです。

近年、バンコクからほど近いこの地域は、豊かな自然を利用したリゾート開発が盛んになりました。日本でいえば軽井沢のような保養地と思っていただければ想像しやすいでしょう。

そんなカオヤイへはじめて訪れたのは18年前のことです。私は前職で医療用具を製造するメーカーに勤めており、タイの現地法人の社長として赴任しました。この会社は世界規模で医療用具を製造販売している会社で、バンコクの支社の他、タイ各地に支社がありました。私はその支社での打ち合わせのために、よくカオヤイの麓を通行していたのです。カオヤイ国立公園から車で約1時間の距離にコラートという大きな都市があり、そこへミーティングに行く途中、よく立ち寄っていました。バンコクと違い気温も低く、空気も透き通っており、自然がいっぱいのすばらしいところという印象を強く受けたのを今でも覚えています。

その道程でも特に好きだったのが、山の中腹にブッダ像が見える場所です。私はここへ来ると不思議と心が落ち着くのを感じていました。

一人の少女の叫びが世界中を奮わせた

1992年6月、ブラジルのリオ・デ・ジャネイロで、ある少女が世界の注目を浴びることになりました。世界中の指導者が集まる環境サミットで、当時12歳になるセヴァン・スズキさんがその会場である有名なスピーチをしたのです。

伝説とまでいわれるスピーチなので、すでに内容をご存知の方も多いことでしょう。英語の教科書の題材にもされたので、若い方にはお馴染みかもしれません。国家や組織を代表する「大人」に向けられた彼女の言葉は、誰もが耳を塞ぎ、言葉に出すことを恐れていたことについて、実に正々堂々と伝えています。このスピーチは大勢の人々の心を鷲づかみにしましたが、ここではあえて引用しません。このときの6分少々のスピーチは、インターネットの動画や紙媒体として、現在でも世界中に向けて発信を続けています。少しだけ、彼女に歩み寄ろうとすれば、すぐに見つけられるはずです。

私もこのスピーチには強い感銘を受けました。と、同時に「大人として自分に与えられた役割とは何か？」を深く考えさせられたのです。「自然を破壊しながら生産活動を行う」、「大量生産、大量販売、大量消費、大量投棄を続ける私たちの行いは良いことなのか？」、「地球に住む大勢の生き物たちの犠牲の上で成り立っている文明とは何なのか？」、「自分たちが繁栄するためにそのことを容認し続けていいのか？」、一人の少女の問いかけに答えるすべがないまま、私は自問自答を繰り返しました。

確かに私たちの生活は豊かになりました。日本の場合、高度成長期を過ぎ、バブル景気で賑わっていた時代まで、無為無策な大量消費を行う文化が残っていました。時代でいえば、１９９０年半ばあたりでしょうか。バブルが弾け、景気の低迷が表面化した頃になって、ようやく私たちは自分たちの行動の愚かしさを実感したのです。そんな時代とリンクするように現れた一人の少女のスピーチに心を揺さぶられた人も大勢いたはずです。

私は「自分で何ができるのか?」、という答えを見つけようと、一人で調べ物をする日々が続きました。地球温暖化、氷河の後退、ヘドロ、ダイオキシン…。私たちの文明が支払うべき代償はあまりにも大きすぎることに気がつきました。

地球規模で進行している環境問題について、多くの大人は「仕方がない」と言って諦めます。また「何をしてよいかわからない」と言う人もいれば、まったく無関心の人もいるでしょう。

もともと私は自然が大好きでした。九州の宮崎県で生まれ育ちましたが、子供の頃は近所にきれいな川が流れていました。毎年暖かい季節になると、そこで泳いで魚を捕まえたり、釣りをして遊んでいたことを思い出します。しかし、20年前に帰省してみると、ある事件が起こっていました。きれいだった川を覆い尽くすように大量の魚が浮いているのです。よく見ると死んでいる魚もいれば、苦しそうにえらを動かして、すぐに来るであろう死を待っている魚もいます。元気な姿を見せる魚は一匹もいませんでした。私はすぐに「農薬が流れ込んだ」と直感しました。今思い出してもショックな光景です。私の生まれ育った地域は田舎ですから、農家がたくさんあります。ただし、そこで行われているのは農薬や化学肥料を使った農業です。過疎化が進み、働き手が少ないこともあって、安定した収穫のために手っ取り早い農薬や化学肥料がよく使われます。当時は農業とまったく無縁の私でしたが、それぐらいは知っていました。

　また、私は大の釣り好きでもあります。深い森に守られた清らかな流れに潜むマスに向かって、自分で作った毛針をキャストすると、魚体のキラメキが水面を割ると同時に、その鼓動がロッドから伝わってきます。細いラインの先で鼓動しているのは、明らかに自然の恵みです。私の手の中に収まった魚の体は、恐らくこれ以上の造形は誰にも作れないと思えるほどの美しさです。

しかし、悲しいことですが、この感動を味わうには、現在では日本から遠く離れた国まで行かなければなりません。私は以前に、2年間ほど仕事をしながら、自然がまるごと残っているオーストラリアのスノーウィーマウンテンやニュージーランドの河川・湖で釣りを楽しんでいました。その土地は人間の手でしっかり管理され、少しの汚染もないように法律まで定められています。ほんの少し前までは、どこにでもあった光景も、今や誰かが守らなければ維持できないのが実態なのです。

そこに住むマスは多様な生態系の中で育ちます。小さなカゲロウから、木々を伝う大型の虫まで、あらゆる生命体が彼らの栄養源となります。そしていつか、そのマスたちももっと大きな生き物の餌となったり、寿命を迎えたりすることで生涯を終えます。森に住む動物の糧になるかもしれませんし、水棲昆虫や微生物の栄養源になるかもしれません。どのような姿であれ、自然の中にいる生き物は、彼らが過ごしてきた川や森へと還元されていくのです。

今の人間は奪うことばかりで、与えることをしません。セヴァン・スズキさんのスピーチ、自分で調べてわかった地球規模の環境破壊の実態、そして美しかった故郷で体験した自然破壊のすさまじさ、そのすべてが走馬燈のように頭を駆け巡ります。

なぜ、農薬や化学肥料が問題になるのか？

故郷の魚の命を簡単に奪ったのは農薬の流出が原因です。ところが、私たちは今までまったくといってよいほど無知で、何も考えずにそれらを浴びたり、吸収した野菜を食べてきました。しかし、農薬や化学肥料について調べてみると、戦慄するほどの恐怖を覚えます。

農薬は虫対策によく使われます。せっかく成長した野菜に虫がつくと、食い荒らされてしまうからです。よく使われる農薬は「有機塩素化合物」です。ＤＤＴ、ＢＦＣ、ドリン剤、ＰＣＢなどの薬品が使われます。問題はこの「有機塩素化合物」です。これがどのような威力を持っているか、わかりやすい実例がありますので、ご紹介しましょう。

１９１５年４月22日、第一次大戦の渦中にあって、ドイツ軍とフランス・イギリス連合軍はベルギー国内でにらみ合いを続けていました。そこでドイツ軍が使用したのが、恐ろしい毒ガス兵器です。ドイツ軍の塹壕から得体の知れない煙が立ち上り、風に流された煙は連合軍の陣地へ到達しました。この煙を吸い込んだ兵士たちは、あっという間に昏睡状態に陥り、ドイツ軍は何事もなかったかのように陣地を占領したそうです。この戦いで使用された煙の正体がまさに「有機塩素化合物」です。これは歴史上、化学兵器として、毒ガスが使われた最初の戦いでもあります。このとき、連合軍では中毒者が約15000人、戦死者は約5000人を数えました。

これを契機に、毒ガス兵器がその後の戦争でも使われていきます。もっとも悲惨な結果として歴史に残ることになったのは、1961年にベトナム戦争で使用された「枯葉剤」でしょう。執拗に抵抗を続ける南ベトナム民族解放戦線に対してアメリカ軍が採った戦法は食糧資源の破壊です。補給路を断つといった生易しいものではなく、ベトナムの森林や田園地帯のほぼすべてに強力な枯葉剤を撒いたのです。ここで使用されたのは24Dと245Tという種類の枯葉剤です。

大量に散布された地域では農作物はもちろん、周囲に自生していた木々や草々、そして動物たちをも根絶やしにしました。近隣に住む住民たちにも大きな被害があったことは、みなさんもご存知かと思います。視覚障害、呼吸器障害、神経障害、嘔吐、皮膚のただれ…。さらに恐ろしいのは彼らの子供たちに奇形が多く生まれたことです。後に、この惨劇を作った張本人であるアメリカ政府は、あまりの非人道的な行為に散布中止を発表しました。ところが、このとき使われた２４５Ｔは、現在でもミカンの肥大促進剤として使われていますし、24Ｄも農園やゴルフ場の除草剤として使用されています。

一方、化学肥料でよく使われているのは、硫安や、過リン酸石灰、塩化カリウムです。実はこれも戦争が関わっています。20世紀初頭、戦争の準備をはじめていたドイツ軍は、火薬の原料が自国に乏しいことに気がつきます。南米チリから輸入していましたが、戦争が起これば入手は困難になります。そこでドイツの科学者たちは火薬の研究をはじめます。そして、１９１０年、水素と窒素からアンモニアを合成し、それを硝酸に変える技術を開発しました。これが、４年後の１９１４年に勃発した第一次世界大戦で使われました。

硫安をはじめとする化学肥料は、この技術を応用して作られました。植物はもともと、窒素やリン酸、カリウムを大量に含んでいることから、それらを構成する化学物質を与えれば、植物は育つと考えたのです。化学肥料を与えはじめた当初は作物がよく育ちます。しかし、しばらくすると土壌の微生物が死に絶え、その土地では化学肥料なしでは作物が育たなくなります。生産量も減りますから、ますます大量に与えるようになってしまうのです。現在では化学的に作られた成分では農作物が健全に育たないことがわかっています。しかし、これら化学肥料を使う農業は未だに主流です。

このように農薬や化学肥料について振り返ってみると、大量の人を殺すことができる毒であったり、自然を破壊する化学物質であったりすることがわかります。それらを口にすることは、すなわち毒を飲み続けることと変わらないのです。また、農薬や化学肥料に使われている物質は、発癌性物質であることもわかっています。「安全だ」という人は後を絶ちませんが、このような物質を微量でも含んでいる限り、やはり毒であることに変わりはありません。みなさんはそういった食物を口にし続けたいでしょうか。大勢の人の食卓に届けたいでしょうか。答えは明瞭で簡潔です。今こそ従来型の負の定石を取り払い、新しい一歩を踏み出すべきなのです。

医療用具メーカーから、農家への転身

先ほども触れましたが、私は13年前まで医療用具メーカーに籍を置いていました。それなりにやり甲斐のある仕事でしたがある年に転機が訪れます。

１９９８年、日本の会社がアメリカの企業に買収されたことを契機に、ビジネススタイルが変化しはじめたのです。それまで日本人社長が掲げていたポリシーは「医療用具を通して多くの人々に貢献すること」でした。日本人の感覚でいえば、医療用具メーカーとしてとても立派な志だと考えていました。しかし、欧米のビジネススタイルはそれとは逆で「利益を得ること」が最大の目的とされたのです。企業としてはある意味、当然ですが、私にとってその姿勢はあまり馴染めるものではなかったのです。

そんなことを考えながら、営業会議へ向かう車中でのことです。あの美しいブッダ像の近くを通りかかったとき、突然「農業をやらなければならない」という想いが湧き上がってきたのです。山の中腹から柔らかな表情で人々を見守るブッダ像は何もしゃべってくれ

ません。しかし、約1年間、そこを通るたびに同じ想いが湧き上がってきます。あまりに不思議だったので、ある日、同乗している通訳やマネージャーに「君たちにもそういう想いが湧き上がったりするか?」と問いただしたほどです。

最初は強いインスピレーションだったものが、やがて使命感を感じるに至りました。もちろん、当時の私はまったく畑違いの医療用具メーカーに在籍していたので、農業をやったことがありません。ただし、環境に貢献できるような仕事をしたいという思いは、以前から抱いていました。もともと、海が好きだったので大学も東海大学海洋学部を選択したほどです。そこで学んでいたのは、「海洋牧場」の研究でした。そもそも、狭い養殖いけすの中で、イワシや合成飼料に抗生物質を混ぜた餌を与える養殖技術が好きではなかったこともあり、生き物に抗生物質を食べさせることがない、自然の中で魚たちと共生し合えるようなコンセプトを持つ海洋牧場に魅力を感じていました。今考えると、それも現在取り組んでいるオーガニック農法と通じる考え方に近いともいえます。ひょっとしたら、無意識のうちに、海洋牧場の研究で培ってきた知識やノウハウを活かせるタイミングを見つけていたのかもしれません。

カオヤイの土地で感じた「農業をやらなければ」という思いが使命感へと変わったとき、私はひとつの決断を下しました。

「今の会社を辞めて、この土地で農業をしてみよう」。

周囲からみれば、農業未経験者の決意としては実に頼りなかったかもしれません。しかし、私にはそれが当然のことと感じていましたし、また必ず成功できる確信があったのです。

「水」へのこだわり

農業をはじめることに決めた私は、もうひとつやりたいことがありました。それは「水」に関係する仕事です。もちろん、先ほど触れた水質汚染による環境破壊をなくしたいという思いも当然あります。

水質汚染の原因の70％は生活排水によるものというデータがあります。残りの15％は農地からの農薬流出などで、残る15％は工業廃水からの汚染です。この中で特に重要なのが、生活排水と農薬問題です。規模的に大きい工場排水はその工場と国の政策による抜本的な対策でしか改善の方法はありません。しかし、生活排水や農薬は、自分たちの努力で改善することができるのです。

生活排水から流れ出る有害物質の多くは洗剤などによるものです。洗濯物を洗うときに使う洗剤には様々な化学薬品が含まれます。衣服の汚れはよく落ちますが、その排水がそのまま川に流れ出れば、河川はひどく汚染されます。他にも髪を洗うシャンプーや、身体の汚れを落とす石けんにも同じことが言えます。

日本の場合、高度成長期以降の下水道の整備と、汚水処理施設の敷設で一時期のひどい状況からは脱しています。また、工業廃水においても、国家政策で厳しい管理体制を敷いているので、社会的な問題に発展するような毒性物質の流出事故は激減しました。しかし、これだけでは河川の汚染は止まりません。私たちの社会が生み出しているものは、それ以上の速度で増加を続けているのです。

これが社会的なインフラの整備が遅れている国の場合はもっと深刻です。特に外資企業が入っているような国では、金銭的にも物質的にも一時的に豊かになります。人間の生活が豊かになれば、いろいろなものを購入することができるようになります。石油系界面活性剤や化学香料、人工着色料などの化学物質を多量に含んでいる洗剤やシャンプー、ボディソープなども生活の豊かさと共にたくさん使用するようになりました。しかし、下水道も不完全ですし、汚水処理技術も施設も未発達です。最終的にそれらを大量に含んだ家庭排水が流れ着く先は、川であり海なのです。

このままでは、かつての日本で起こったように、大量のヘドロ問題や赤潮、水質汚濁、悪臭、ありとあらゆる事象が発生してしまいます。一軒の家庭からの排水でも汚染は広がりますが、数千、数万戸が密集した街や都市で集団的にこれらを垂れ流していたら、たちまち悲惨な結果になることは目に見えています。

これを改善する方法はないものかと考えました。タイはココナッツやパーム椰子の生産地でもあります。一般的な洗剤には石油性の化学物質が使われますが、ココナッツやパーム椰子からもオイルはとれます。100%自然由来である植物性のココナッツオイルやパームオイルを使えば、環境に優しい洗剤が作れるのです。

石油系のオイルを使えば、それは微生物分解がほとんど行われず、川へ流れ出れば着床してヘドロになります。しかし、植物系のオイルなら逆に微生物の餌となるので24時間もあれば分解されるのです。

だから、私は農業をはじめると同時に工場を作って、環境に優しい植物性油を使った洗剤や石けんを作ろうと考えました。後ほどお話しますが、起業時に工場を建設したのもこの想いがあったからなのです。

農業への挑戦

水へのこだわりと同じく、私がやりたかった農業には、ひとつの大きな目標がありました。それが「オーガニック」です。農薬や化学肥料を一切使わない、100%自然由来の安全な農作物を作らなければ、そもそも私が農業をやる意味がありません。また、地球環境を改善し、川や海の生態系を守るためには、農薬と化学肥料を一切使用しないオーガニック農法を促進する以外に方法はないと考えていました。

それまで農業を経験したことがなかった私ですが、先ほど述べたようにどのように農産物が生産されているかは知っていました。大量に撒かれる農薬、化学肥料…。農薬の中にはそのまま口に入れたら即死に至るほどの劇薬も含まれます。「これが正しい農業の姿なのか」という疑問は、農業をやる以前から感じていたことです。

農薬や化学肥料を一切使わず、健康な野菜を消費者に届けたい、という想いを実現する道が平坦でないことは容易に想像できました。書物などを読みあさりましたが、そこに書かれていたことのほとんどが、農作物の病気対策、虫被害対策のために農薬や化学肥料をいかに効果的に使うか、といった内容が書かれていたからです。

少数の本には無農薬有機野菜を取り上げていたものもありましたが、それがそのままタイで通用するかは疑問でした。しかし、セヴァン・スズキさんのスピーチで感じた「大人としてできること」の答えが農業への挑戦であり、さらにその農業は農薬も化学肥料も一切使わない「オーガニック」であることを最大の目標にしたからには進むしかありません。

当然、ビジネスとしても成功しなければ、農業を維持することはできません。安定した農産品の供給だけでなく、新しいマーケットを作る必要もあります。この時点でまだ、農地も何も決まっていませんでしたが、待ち受ける苦難は想像に難くありません。しかし、やると決めたからには理想を実現していかなければ意味がないのです。

自分が抱いている大きな期待は、苦難の予想を大きく超え、一歩踏み出すことを促してくれました。こうして１９９９年、タイの地でいよいよ農家としての生活がスタートすることになりました。

第2章　タイ農業の理想と現実

農業大国「タイ」

タイはメコン川をはじめ、大小の河川や起伏の緩い土地が多く、大変肥沃な大地を持っています。そのため、昔から農業が盛んで、２００６年の統計によると、農業人口は２５３６万人、農業就業者数で数えても１３６２万人います。全人口の約38％が農業に携わっているのです。工業やサービス業が発展してきていますが、それでも農業は盛んだといえるでしょう。ですから、タイは国家を挙げて農業を推進しているのです。

山岳部が多い北部は森林が多く残っていて気候も涼しく、ロンガン、タンジェリン、ライチといった温帯果実と涼しい気候を好む野菜の生産が盛んです。東北部にはコラート台地が広がっているため、農地開発が盛んで、米、キャッサバ、トウモロコシ、サトウキビなどが栽培されています。南部は山岳部で典型的な熱帯モンスーン気候の土地でもあります。降雨量が多く、パーム椰子やパイナップル、ゴムの木などの栽培が有名です。中部は肥沃な土壌に恵まれた地域で、大規模な穀倉地帯が広がっています。都市に近いこともあり、日本のような都市近郊型の農業が盛んです。

タイ全体で見ても、雨量が多く、気温も高いので植物の育成には適した国と言えます。農作物の輸出も盛んで、２００８年は総輸出額約５兆８５００億バーツのうち、農作物が23％を占めていました。主に米や果物が多いのですが、中でもジャスミン米や、生鮮果実などは世界各国で人気になっています。ほとんどの農作物の輸出先は中国ですが、日本へも輸出されているので、タイ原産の果物などを目にされている方もいらっしゃるのではないでしょうか。

近年（２０１２年著）では、エタノール原料となるキャッサバやサトウキビ、バイオディーゼルとしてのパーム椰子などの伸びが顕著になっており、農民たちの転作も多く見られます。こちらは代替エネルギー源として世界中からの需要も期待されている分野で、今後も生産量が増えていくはずです。

一方で、食の安全性にも気を配りはじめています。基準を設けて高品質の食品を提供できるような仕組み作りもはじまっています。その一環として、タイ国政府農業省の有機農業への認可制度も２００１年から導入されています。ただし、こちらは２・２万ヘクタールで実践されているという数値があるものの、タイの膨大な農地と比べてみると1％にも満たない数値に止まっています。私が農業をはじめた1999年当初は、実質的にオーガニック農法に取り組んでいる農家はほとんど皆無でした。タイは農業が盛んな国ではありますが、周囲のアジア各国と同様、オーガニック農法とは無縁だったのです。

ブッダ像が見下ろす土地

農業大国で農家を目指すとはいっても、土地がなくては話になりません。そしてオーガニックにこだわるなら、すでに農地として使われている、あるいは使われたことのある土地は候補にもなりません。

なぜなら、農地として使われている場合はもちろん、過去に使われたことがある土地ならほぼ100％化学肥料や農薬が散布されているからです。それらの化学物質が土壌に堆積している場合、これが分解されるのに最低5年は必要です。ですから、土地の選定は慎重に行わなければなりません。

また、タイの政策や文化として、彼らからみて外国人の私が土地を買うことは非常に困難です。私がやりたかったのは農業を主とする会社ですが、外国人が土地を購入することは許可されていなかったのです。さらに土地を買おうとすると、外国人と見るや否や、地主は値段を吊り上げます。これはどこの国でも同じような状況なので、ある程度予想の範囲内でしたが、開業当初の予算難の時期には堪えます。

農業をやりたくても土地が買えない、さらに土地を選ぶことも難しい。オーガニック農法のためには周りの農園から農薬の影響を受けないよう、広大な土地が必要です。その広大な土地の購入、農園の造成、水システムやオーガニックを普及するための研修場や宿泊施設の確保、また、農園で収穫した農作物を加工するための工場の建設など、いくら資金があっても足りません。目標は明確でも資金面ではまったく足りない状態で、私の農業人生のスタートは滑り出しから巨大な壁が立ちはだかっていました。

最初に決めなければならないことは、どこの土地を買うかです。ここで私はまたもカオヤイの山の中腹に鎮座するブッダ像を見たときに、不思議な感覚にとらわれます。農業を志すことを決めた私がそこを通りかかると、ブッダ像が見下ろす場所に農業に向いた土地がある気がするのです。

日本人が行くと土地の値段が上がることが多いので、懇意にしているタイの友人に「あのブッダ像のある山の麓を調べて欲しい」と告げました。数日して戻ってきた友人は笑みを浮かべながらこう言いました。「やりましたね、大賀さん。あなたの勘は正しかった。約4万坪の土地が手つかずで空いていましたよ」。これには驚きました。ブッダ像の不思議な導きがあったのかはわかりませんが、大変うれしい出来事でした。さらに土地のオーナーはとても人柄の良い人物で、交渉も実にスムーズでした。

土地はとても良い場所が見つかったので、残った問題は農園の購入や研修施設、工場を作るための資金です。少しずつ貯めていた貯金や日本で購入していたマンションを売却しても、とても足りない金額です。そこでタイ現地の銀行に借り入れを相談に行きました。銀行からは、購入する土地を担保に入れるならその土地の地価に見合うだけはお貸ししま す、との吉報が入りました。しかし喜んだのもつかの間、実際の土地の金額に対し、銀行評価額は半分以下でした。銀行から借り入れをしても、全然資金が足りません。そこで医療用具会社の台湾法人の社長をされていた、私のとても尊敬する上司のもとへ相談に行きました。

この方は社会貢献活動に熱心な、とてもすばらしい方で、私の目的やオーガニック農法の必要性を理解していただき、足りなかった資金を喜んで提供してくださいました。

これで資金の問題は解決し、ようやく農園を手に入れることができたのです。準備が整った私は会社名を「ハーモニーライフインターナショナル（Harmony Life International Co., Ltd.）」とし、タイ株51％、外国人株49％の資本で同国にて1999年9月に会社を創業しました。ハーモニーライフとは、『自然と人間の調和』という意味で、この名前は私が以前から考えていたものです。ハーモニーライ

いつも柔らかい表情を浮かべるブッダ像

フの会社はすべてにおいて自然と人間の調和を目標として活動する、という意味を込めています。(以降、社名をハーモニーライフと表記)。

多難な開墾作業

土地を手に入れたまではよかったのですが、それまで手つかずの状態だったということは、当然のように農地としてそのまま使うことはできません。深い森林を持つカオヤイ一帯の一部に属するため、木も草も生い茂ったままの状態です。

古くから人類は土地を拓く「開墾」を行ってきましたが、ハーモニーライフの農業としての第一歩は、この作業からはじめなくてはなりません。

きちんと区画を決めて作業をはじめましたが、大きな木の根や大小の石などがゴロゴロと出てきます。重機は使いますが、多くの労力が必要です。農業を得意とする日本人は、諸外国へ出て多くの土地を拓いてきましたが、その苦労話はあらゆる書籍や文献に引用されているのでご存知の方も多いでしょう。それと同じ苦労をしなければなりませんでし

タイの自然林

た。

　その当時、タイで使用している重機は、新品のものはまだ少なく、多くが日本からの中古を使用していました。農園の開拓で一番大変なのが、大きな木の切り株の除去なのですが、中古の重機には少し荷が重かったのか、すぐに壊れてしまいます。開拓の期間が予定よりも長くなったのは、重機の修理期間がかなり影響しています。ただし、中古とはいえ重機は貴重です。今現在も、日本からの中古の重機はタイの至るところで活用されています。

　開墾作業と並行してはじめたのは農地の区画整理です。当時の私には農業経験がありません。そこで、タイで農業に詳しい人物を探してアドバイスをもらうことにしました。タイは政策として農業を推進している国でもありますから、大学では農業を専門に教える学部も存在します。調べたところ、タイで農業についてもっとも権威があるのは国立大学のカセサート大学だということがわかったので、思い切って門を叩いてみました。

そこで出会ったのがバルン教授です。彼は農業で一番大切な、水についてのエキスパートでもあり、農業用のプラントを研究する第一人者でもありました。水に関連する仕事もしたかった私にとって、これ以上のアドバイザーはいませんでした。

特に重要な知識として、粘土質の土壌は水持ちはよいが、水はけが悪いということを教えてもらいました。実は私が購入した土地は、赤土の粘土質の土壌でした。タイは雨期が半年もあり、雨期には毎日のように雨が降ります。粘土質の土壌は、水はけが悪いので、根腐れをしたり、病気がよく起こったりします。バルン教授のアドバイスを聞いて、農園のプラントを作るときに特に注意を払ったのが、雨が降ったときに水はけをよくすることでした。

こちらから出向くことはもちろん、ときにはバルン教授に農園へ来ていただき、様々なアドバイスをもらいました。農地というのは基本的に作り替えが難しく、またそれをしようと思えば多額の費用もかかります。ですから、ハーモニーライフ農園の区画はきちんとした専門家に指導してもらいたかったのです。もし私が農業を何年か経験していれば、バルン教授と意見が食い違うことがあったかもしれませんが、当時の私には農業の知識がなかったこともあって、教授の意見を素直に受け入れることができました。

結果的に開墾作業や、敷地の整備が終わったのは土地を入手してから1年以上過ぎた頃です。もちろん、開墾が終わって農地としての準備が整ってから作付けを行いましたので、すべてが完了したのは２０００年の暮れとなりました。

植物の生育に必須の「水」

農園の開墾と区画整備が進んでいく中、農業に必須の「水」の確保が急がれるようになりました。雨季にたっぷりと水をため込む、天然の貯水施設でもあるカオヤイ山脈の麓ということもあり、ハーモニーライフ農園内には小川が流れています。しかし、この小川の水を使うことは最初から考えていませんでした。なぜなら、この川の上流域にはいくつかの農地や集落が存在しているからです。

一般的に川には家庭からから出る生活排水も流れ込んでいる可能性があります。農地からの農薬流出、あるいは工場排水に危険物質が含まれていることも十分考えられます。100％オーガニックにこだわるなら、少しでも環境汚染の可能性がある水は使いたくないのです。

そこで良質の水を入手するために選んだのは、ボーリングして地下水をくみ上げることです。もし、カオヤイの大自然の力で濾過された水が手に入ればいうことはありません。土地を買うときから地下水を使うことを考えていましたが、その時点では地下水の有無はわかりませんでした。また、タイには水が出ない地域もあるため、この場所で水が出ない可能性も十分に考えられました。しかし、私には「カオヤイの山々からの伏流水が必ずある」という直感があったのです。

専門業者を呼んで、掘削作業がはじまりました。最初の数箇所は気配もなく少々焦りましたが、トータルで30カ所をボーリングした結果、2カ所の地下水脈を確認することができました。ひとつは地下30メートルの地点、もうひとつは地下150メートルの地点に地下水脈が流れています。私が選んだのは、地下150メートルの地下水脈です。

降雨があってそれが地表を伝って150メートルの地中に到達するまで、およそ20年かかると言われています。それだけの年月を経て濾過された水です。当然、品質も良いことが想像できました。

実際にカセサート大学でこの水を調べてもらったところ、「タイ国内でもトップクラスの水質」というほどクオリティの高い水だったのです。さらに詳しく分析すると、スイスやニュージーランドのミネラルウォーターに匹敵するクオリティだと、学者も目を疑うほどでした。さらにこの地下水は水量も豊富で安定した水の確保が期待できました。

良い水が手に入ったことは非常に幸運でした。この水は農業用水として使うのはもちろん、農園で使う飲み水や生活用水にも使えるほどです。ただし、農業用水に使うといっても、そのままの状態で畑に撒くのはあまりよくありません。ミネラルウォーターということは無機質なので、農作物の育成には適していないからです。そこで、一旦、ため池に貯水して、プランクトンやバクテリアなどがほどよく繁殖できる状態にしてから農業用水と

豊富で品質の高い水をたたえるため池

して使うことにしました。

　ため池を作る場合、通常は農園の一番低い場所を選びます。しかし、その方法では作物に水を与えるたびにポンプを全力で回さなくてはなりません。余分なエネルギーをたくさん消費しますから、電力使用のコストだけでなく、環境への配慮という点でもあまり適切ではないのです。

　そこで、ハーモニーライフでは農園の一番高い場所にため池を作ることにしました。地下水をくみ上げるにはやはりエネルギーは必要ですが最小の消費で済みます。これを少量のエネルギーしか使わないスプリンクラーへ送れば、全体的なエネルギー消費はかなり抑えられるのです。

ハーモニーライフ農園で利用する水はとしては、申し分のないシステムができあがりました。各区画への水路の整備も万全です。農業を続ける上で、かなり大きな比重を占める水への課題がこれで克服できたわけです。

農園が工場を持つことの可能性

第1章でも述べたように、ハーモニーライフでは水質改善に役立つ、植物性のオイルを使った洗剤や石けんを製造することを決めていました。そこで建設したのが自社工場です。

当初の工場の規模は50平方メートルが2部屋の小さなものでした。ひとつの部屋で天然台所洗剤、天然洗濯洗剤、オリーブ石けんなど製造し、もうひとつの部屋ではモロヘイヤパウダー、ジャムや漬物をつくりました。

できあがった製品の数々は、タイのスーパーマーケットやデパートに持っていきました。都心に近いほど、自然由来の洗剤や石けんが身体にも良く、環境にも優しいことを理解している人が多く、少しずつ製品を理解してくれるお客様が増えてきました。

当時、オーガニック製品やナチュラル系の製品は、大量生産の製品と比べ、理解度も低く、値段も高いためになかなか広がりませんでした。ですからバンコク市内で生活してい

様々な設備が整っているハーモニーライフ

る日本人の奥様方（ご主人が駐在で来られている奥様方）が当社のお客様でした。後年、オーガニックのモロヘイヤパウダーを使用したモロヘイヤ麺を開発したのですが、当時はタイ人がモロヘイヤをまったく知らないので販売に大変に苦労しました。

後にこの工場は規模を拡大し、ハーブ類をはじめとした農産物の加工品を作る機能も持たせました。また、この工場を持つことで様々なビジネスに応用できるようになりましたが、そちらについては後述します。

タイでの資金繰り

土地の購入、農地の整備、良質な水の確保、工場や宿泊施設などの建設など、単に農園を拓くだけでなく、生産から出荷までをひとつの場所で完結できるシステムを作ったため、資金は思った以上に必要となりました。土地は約４万坪ですから、物価が安いタイとはいえ、土地購入資金だけでも約５０００万円ほど必要でした。

スタッフや研修生が寝泊まりする宿泊施設、ミーティングルームなども先を見越して用意したので、ここでも多くの出費がありました。工場の設備、倉庫、トラクターなどの車両も必要なので、日本に持っていた家などを含め、ほとんどの財産を売却して資金を確保していきました。大変な冒険だと思いましたが、私にとってはここでハーモニーライフの起業をやめる方が苦痛です。若干の不安はあるものの、明るい未来を信じて私財のすべてを投入する覚悟でした。私のとても尊敬する元上司の方からも資金を提供していただき、タイの銀行からも借り入れ、合計で1億2000万円ほど用意しました。しかし、思ったよりも難航した農地の整備や水源の確保などもあり、それでも資金は不足してしまいました。特に水源は150メートルの深さの井戸を掘ったり、農業用水のために人工の池を作り、広大な農地にスプリンクラーを設置する予算が予定より大幅にかかり、より資金繰りが苦しくなりました。

最終的に足が出てしまった分は、無理をお願いして再度タイの銀行から借入することでまかなうことになりました。結果的になんとか起業することはできたものの、農業ですから、すぐに利益が出るような状態にはなりません。起業するのにギリギリの資金でスタートさせることになってしまったので、その後に大変な苦労をすることになります。

しかし、各施設は十分な資金を充てて建設したので、農業をするには最適な環境が整ったのです。それがこの投資の何よりの成果です。苦労はしそうですが、オーガニック農法を実践する準備がこれで整ったといえるでしょう。

地域の人々を１００％雇用する

いよいよハーモニーライフでの農業がスタートします。ここまでの作業だけでなく、実際に農作物を作る段階では、もちろん私一人ではどうにもならず、当然、多くの人に手伝ってもらわなければなりません。

私の雇用に関する考え方は最初からひとつでした。それは「地域の人を１００％雇用する」というものです。気候や風土など、その土地に精通しているというのも理由ですが、農業ですから24時間体制で作物を見守らないとなりません。できれば農園に寝泊まりしてもらい、何か緊急事態が発生したら、すぐに対応してもらうことができる体制を作りたかったのです。

ハーモニーライフで働くタイ人達

そのため、農園には研修用宿舎とは別に農民の方々の宿舎も作りました。一家族が十分住めるよう部屋を与え、トイレもシャワーも完備しています。家賃は取らず、賃金も通いの人と同じです。ただし、宿舎に居住する人には何かあったらすぐに駆けつけてもらうようにしてもらいます。

タイは農業大国ですから、雇用する人はもちろん農業に従事した経験者です。私からすれば、彼らはすべて先輩にあたるわけですから、意見がもらえることも貴重な財産になります。何しろ私はタイの植物を見るのがはじめてですから、「この草はこういう場所によく生える」「この野菜はこう育ててきた」「この野菜は肥料が多い方がいい」「この野菜は水が少ない方がいい」など、その土地でしか得られない貴重な体験談が多いのです。今振り返れば、そんな彼らと試行錯誤を繰り返しつつ、オーガニック農法を確立させてきたわけですから、彼らなしでは続けられなかったのです。今いるスタッフをはじめ、ハーモニーライフに関わってくれたタイの農民たちには深く感謝せずにはいられません。

また、忘れてはならないのが賃金です。タイ国は政府によって最低賃金制を導入していることはご存知かと思いますが、地域ごとに割り当てが異なり、当然、首都バンコクが一番高額です。地方にいけばとても安いところもありますが、農園従事者にはその中間の水準で最低賃金が決まっています。決まりがあるのだから、それだけ払えばよいという意見もありますが、私はそのようには思いませんでした。少しでも多く賃金を渡して、みんなが笑顔で楽しく働ける環境を作りたかったのです。

もちろん、報酬は会社としての売上がなければ支払えません。嫌々働いていたのでは効率も落ち、支払いも少なくなってしまい、雇用の関係が悪化します。それだけでなく、不思議なことに野菜や果物にもその雰囲気が伝わり、生育が遅くなったり、十分な収穫が得られなかったりするのです。植物は人間の気持ちを理解する、という話を聞いたことがありますが、実体験としてそれはうなずける部分も多いように感じます。ですから、十分な報酬と楽しく働ける環境作りは、農園経営に必須のマネジメントでもあるわけです。

また、ハーモニーライフには工場で働く社員と、農園で働くスタッフがいます。それぞれ得意分野はありますが、農作業が忙しいときは、工場の社員も一緒になって手伝います。農園のスタッフも、工場が忙しいときはその仕事を手伝います。ハーモニーライフで発生する業務をそこに集うみんなが協力して遂行することで、お互いの仕事が理解できるようになります。これによって、お互いに良い人間関係を作ることができ、さらに良い作物、良い製品が出来上がるのだと確信しています。

タイ農民の苦悩

オーガニック農法を使って作物を育成するのは、ハーモニーライフの根本でもあります。当然そこで働く人は無農薬、有機野菜について理解がなければなりません。実はタイの農業は、化学肥料や農薬を過剰に使い続けているという実態があります。国家政策として有機農法を推奨する動きはありますが、実質99％以上は農薬や化学肥料に依存しているのです。

かつての日本や、現在の中国を見ればおわかりの通り、過剰な農薬や化学肥料への依存が招くのは健康被害です。大量生産、大量販売、大量投棄の副作用として一番被害を受けるのは、実は農家そのものです。

農作物を作るときに土壌に撒く農薬、虫除けのために散布する化学薬品、そうした物質を彼らは直接手で触れ、口や鼻から吸い込みます。市場に流通する野菜の汚染度とは比べものにならないほど高濃度の農薬や化学肥料に触れ続けた結果、癌に冒されたり、神経組織に異常をきたしたりするのです。また、そうした直接的な疾病だけでなく、微弱な神経への作用から、自殺を選択する農民も増えます。

タイの農民たちは、身近な人々がこのような影響を受けて命を失ったり、重度の健康被害を被ったりする中、体験的に農薬や化学肥料への危険性を知るのです。ハーモニーライフに集まってくれた農民はみんな、無農薬有機栽培に対して高い志と、強い気持ちを持っています。安定した大量生産を求め続けた結果、何が起こったか彼らは知っているからなのです。

日本でもかつて同じ道を辿ってきました。いや、現在もそれは続いているのかもしれません。タイの農民の一部は気づき、そして変革をはじめています。それと同じことを世界中に広めたいという思いは、ハーモニーライフを創業した当時から現在に至るまでまったく変わらず、私の中でますます大きくなっているのです。

第3章　元気な野菜を作る

地球規模の環境破壊を抑止できる農業

ハーモニーライフの農地の準備が整い、いよいよ作付けをすることができるようになりました。しかし、農業経験がなかった当時の私は、どこから手をつけてよいかもまったくわかりません。当初、日本で無農薬有機を行っている農家の方に来ていただき、指導を受けたこともありました。しかし、タイと日本では、気候も違い土壌も違います。また、日本では、晩秋から春までは寒く、虫たちもそれほど活動しませんが、タイは一年中暑く、虫たちは常に活発に動き回るので、農作物への被害も絶えません。さらに、乾季と雨季がはっきり分かれており、ほとんど雨が降らない時期が6カ月も続き、残りの6カ月間は雨期で毎日のように多量の雨が降ります。日本の無農薬有機農法をそのまま持ってきても、うまくいかないことがわかりました。

あらゆる書物、文献、知識を総当たりで身につけたり、各地の農園を訪問したり、そんな日々が続きました。当然、それらはすべて「無農薬有機農法」に関するものばかりです。化学肥料や農薬を使えば、スムーズに農業を開始できたはずです。しかし、私にはどうしてもそれができませんでした。

20世紀に発展した経済社会は、日本だけでなく、世界中で大量生産、大量消費、大量廃棄のシステムをつくり上げました。その背景には個人主義思想や、競争社会、経済の効率化などを社会全体で追い求めてきたことがあります。そんな経済社会の渦中でほとんどの農家は、手間のかかる有機農法を捨てる選択をしたのです。人工的に化学物質を配合して作られた肥料や農薬を使うことで農作物の育成を早く効率よくこなしました。そして大量生産をする際には、それに見合うだけの化学肥料や農薬を使うのです。

これは農業に限ったことではありません。畜産や漁業も同じように、人工的に作られた配合飼料と病気を防ぐための抗生物質を食べさせます。これも小さなスペースで可能な限り早く大きくするための工夫です。

さらに、そうして作られた農畜水産物などは加工されて食品として出荷されます。なるべく長く市場に流通させるために防腐剤をたくさん使い、美味しそうに見せかけるために合成着色料・合成香料・増粘剤・化学調味料など、多くの添加物を使います。これらの化学的にできた成分が食品添加物として許可されていることも驚きです。

私たちは長い間、そういった「化学的な成分が含まれている食品」を摂取してきました。現代社会は食べたい物があれば、いつでも苦労せずに、ほとんどすべての食べ物を簡単に口にすることができます。とても豊かな社会のように見えます。しかし、化学物質にまみれた食品を製造するのを誰も止めようとはしません。現代の日本社会は、昔と違い栄養が足りない人はほとんどいないと思います。栄養が足りているのに、なぜ一億総半健康人、一億総半病人と言われているのでしょうか。なぜ癌をはじめとした多くの慢性病がはびこり、それらの病気が若い人々まで広がっているのでしょうか。それはやはり現代人が、生命力のない食べ物ばかりを食べていることに大きな原因があると私は思っています。そして、残念なことにこれは日本だけでなく、世界中で起こっている現象なのです。

現在、地球規模での温暖化や、異常気象が起こっています。氷河の後退、局地的豪雨による洪水、干ばつ…。世界各地で起こるこれらの現象は、毎日のようにニュースとして取り上げられています。既存の経済システムが機能し続ける限り、今後もこうした異常気象は速度を増して襲いかかってくるでしょう。

今、私たち人類が迫られているのは「決断」です。極端にいえば「破壊を待つ」か、それとも自然と調和できる経済システムへとシフトし、「持続できる社会を構築する」かです。人類自らの欲望によって生まれた今までの経済システムを捨てることはできないのでしょうか。

「私だけが、人間だけが」という考え方を捨て、「みんなとともに、すべての生き物とともに」という考え方を持てるようにするだけで、事態は好転すると私は確信しています。地球は多種多様な生物が共存できる、まさに奇跡のような惑星なのです。「そこに住む一生物として、人類は何を残せるのか？」と考え、いつまでも持続可能な社会を作ることが大きな課題といえるでしょう。いつから作りはじめるかといえば、それは今すぐです。気がついたら手遅れという事態に陥る前に一歩踏み出すべきです。各国政府はもちろん、未来を切り開いてくれる子供たちの教育、そして大人として企業としてできることを考えて、意識を大きく転換するのです。

私が農業を志すことを決めたとき、まさに仏様に導かれたような感覚を覚えました。同時に自然を破壊することなく、口に入れた作物が健康を害するようなことが一切ない、完全なる作物を作りたいという衝動に駆られました。地球規模の自然破壊を止め、多くの生き物と共存共栄でき、さらに健康な身体を手に入れる。地球規模で考えればハーモニーライフができることは小さな一歩ですが、世界中の農家が同じことに気がついてくれれば、農業が原因となる環境破壊と生態系の破壊は抑止できます。それが可能になるのがまさに「オーガニックを志す農家をたくさん作り出すこと」と考えています。

「オーガニック」とは？

ここで「オーガニック（＝organic）」という言葉を整理しましょう。この言葉を簡単に解釈すれば、農薬や化学肥料を一切使わない方法で栽培された食料品やそれを原料として製造された製品などを指します。もともとは「有機体」という意味合いもあるのですが、近年では先に出したように、化学物質や添加剤などがどこにも使われていない農作物全般を表現するイメージが近いでしょう。

よく混同されるのが、「有機農法」、「有機栽培」、「無農薬農法」、「低農薬農産物」といった言葉です。例えば、有機農法や有機栽培という表現の裏には、肥料は自然の堆肥を使うけど化学肥料も入っているということもあり得るわけです。無農薬農法という言葉も同じように１００％の有機栽培を指しているわけではないかもしれません。同時に最近では「水耕栽培」、「工場栽培」という言葉もあります。これには管理された大規模なプラントで、太陽の光や土を使わず水だけで栽培する野菜を指しているケースが多いです。そこで与えられている水には化学肥料が含まれていても表示的に問題にされることはありません。「低農薬農産物」についても文字通り、農薬を減らしただけで、農薬を使用していることに変わりないのです。

このように「オーガニック」という言葉と似て非なる表示も世間には氾濫しています。もちろん世界各国で、こうしたまぎらわしい表示をどうにかしようと、様々な施策がなされていますが、現在はすべてが明確に分類されているわけではありません。

オーガニックに関しては、１９７０年代にドイツで基準が作られました。ヨーロッパをはじめ、世界各国で、このときに決まった内容を基に認可基準を設けています。細かい規定はたくさんありますが、概ね左記の11項目にまとめられます。

1. 作物は必ず土壌の上で栽培すること。
2. 3年以上農薬、化学肥料を一切使用していないこと。
3. 農作物、土壌、農業用水から一切の化学物質が検出されないこと。
4. 使用している肥料の牛糞・鶏糞なども、一切化学物質を使用しないで育てられた牛や鶏の糞であること。
5. 堆肥や肥料の材料はすべて無農薬有機で栽培されたものであること。
6. 使用している種は化学的処理がされてないこと。
7. 遺伝子組み換えの種でないこと。
8. ホルモン剤や成長促進剤などの化学物質を一切使用していないこと。
9. 近隣農家から風や農業用水から農薬の影響を一切受けないこと。
10. 農作物洗浄の水に化学物質が含まれていないこと。
11. 野菜のパッキング時に衛生的であり、包装資材から化学物質の汚染がないこと。

もちろん、微妙に各国ごとに細かな規定が入ることがありますが、基本的にはこのよう

USDA Organic ロゴ

IFOAM ロゴ

EURO Organic ロゴ

CANADA Organic ロゴ

Thailand Organic ロゴ

ハーモニーライフが取得しているオーガニック機関のロゴ
これを使用するためには厳しい基準を満たす必要がある

な条件をすべてクリアしないと「オーガニック農法で栽培された野菜である」と表示できないのです。現在、ハーモニーライフは、ＵＳＤＡ（アメリカ農務省）、ＩＦＯＡＭ（国際有機農業運動連盟）、EURO Organic（ＥＵ加盟諸国）、CANADA Organic International Organic Certificated Farm（カナダ）などの基準を満たし、それらのロゴマークを付与することも許可されています。

私も農業をはじめた当初は、オーガニックと無農薬有機の区別がまったくわかりませんでした。農薬と化学肥料を一切使用していないなら、オーガニックといえるのではないかと思っていたのです。しかしながら、オーガニック規定を調べてみると、先に書いたようないろいろな条件を満たすことが必要だとわかりました。

まず最初はタイの会社ですから、タイの農業省のオーガニック認可を取得することを目標にしました。農園スタートから5年目の2004年にタイの農業省のオーガニック認可を取得することができました。しかしながら、ハーモニーライフの製品を世界中で展開するためには、やはり国際基準のオーガニック認可を取得する必要があります。そこで、オーガニック発祥の地でもあり、また、世界のオーガニック基準となっているドイツのIFOAM（国際有機農業運動連盟）の認可を取得する目標を立てました。

そして2009年、時間はかかりましたが、IFAMの認可を取得しました。続いて、世界で一番厳格なオーガニック認可のUSDA（アメリカ農務省）のオーガニック認可に挑戦することを決めました。USDAの認可は本当に大変で、英文での資料の作成、種から植え付け、収穫までのすべての作業レポート、洗浄からパッキングに至るまでのすべての工程の検査、農作物、農業用水、土壌などの検査、近隣農園上からの農薬の影響などど、かなり時間とエネルギーを使いました。

レポートを何度出しても合格できず、資料のやり取りだけでも2年以上かかりました。２０１１年すべての審査に合格し、ＵＳＤＡの認可を取得することができ、それと同時にEURO Organic 認証、CANADA Organic International Organic Certificated　Farm 認証も取得することができました。オーガニック認可を取得することは、本当の信頼の証しになります。

このように、現在へ至る道程は容易なものではありませんでした。農業の知識がゼロというところからスタートしたわけですから、それも当然です。そんな私がどのようにして、農業の道を切り拓いていったか、ここで話を元に戻してみましょう。

タイを舞台にオーガニック農法への挑戦がはじまる

私がハーモニーライフでオーガニック野菜を作りたかった理由は第1章で述べた通りです。極端に言えば、農業をやるからにはオーガニック野菜以外に作る気がなかったわけですが、これを実践するとなると大変です。結果から言うと、最初の４年は収穫が安定しませんでした。もちろんその間は、毎日苦労の連続です。あまりに失敗が続くので、会社に対する信頼を失い、辞めてしまったスタッフが何人もいました。

タイは熱帯性の気候です。日本の文献を読み、そこで得た知識通りに実践してもなかなかうまくいかないのです。熱帯性気候のため、昆虫類の宝庫でもあります。すべてが農作物に悪影響を及ぼすわけではありませんが、日本の書物に書かれていない、未知の虫によって作物が全滅したこともあります。また、乾季と雨季が半年ずつあります。ですから雨季になると今度は大量の雨のために、根腐れや病気が発生してしまうのです。

創業時は資金が乏しかったこともあって、収穫が少なければ少ないほど資金繰りが厳しくなります。また、後ほど詳しく解説しますが、出荷が安定しない状態が続くと商品を売ってくれるデパートやスーパーへの信頼も薄くなってしまいます。実際に野菜を置く棚を縮小されたり、ひどい時期には棚ごとなくなってしまったこともありました。

この悪循環を早く回避するには安定した作物の提供しかないのです。焦る私はいろいろな方の門を叩き、アドバイスをもらったり、無農薬有機農法を実践している農家の方を招待して、農園を見てもらったり、あらゆる可能性を探し、試行錯誤を繰り返しました。

土地を豊かにする「肥料」の存在

いろいろな方との出会いを通じて、私は様々な知識を得ることができました。この知識をハーモニーライフのあるタイで実践していくには、自分でその土地の気候にあった農法を見つける以外に手段はありませんでした。いくつか試していくうちに「肥料」の存在が大変重要であることがわかってきました。

農作物が豊かに育つには、良い土作りが欠かせません。良い土壌には有用微生物が豊富に住んでいます。植物は肥料を与えたときに、例えば牛糞や鶏糞から直接栄養を摂ることはできません。土中に済む微生物が牛糞や鶏糞を分解することによって、根から栄養を吸い取れるようになっているのです。土に住む分解能力に優れた微生物は一種類ではなく、多様な生物相を築いています。植物も含め、たくさんの微生物たちが健やかに共生している土こそ最良の土なのです。

これとはまったく逆に、ものを腐らせる微生物もいます。腐敗菌といいますが、不健康な土地にはそうした微生物が繁殖します。根を腐らせたり、植物を病気にさせたり、害虫の発生を引き起こしたりするのです。農家が農薬や化学肥料を使えば使うほど、野菜が健康に育つために大きな役割を果たしてくれる有用微生物まで殺してしまうのです。ですから、オーガニック農法では、こうした有用微生物を効果的に利用できるようにしなくてはなりません。健康な土に生える植物なら、そもそも病気や虫食いなどにかかる確率はものすごく低くなります。ですから、ハーモニーライフ農園では、まずこの土作りからはじめました。それには、良質の有用微生物が繁殖しやすい肥料作りが欠かせませんでした。

それまで有機肥料として使っていた鶏糞や牛糞は、業者から直接購入していました。これをミックスして堆肥を作り、半年ぐらい寝かせて発酵させます。それを農地に撒けば栄養豊かな土が作れると思っていたのですが、なかなかうまく行きません。どんなに丁寧に育てても、病気や虫食いが収まらないのです。

よく考えてみるとそれもそのはずです。購入している鶏糞や牛糞の先には当然のように鶏や牛がいます。その鶏や牛がどのように育っているのかといえば、配合飼料と抗生物質をたくさん与えられているのです。彼らの身体の中には、人工的に作られた化学物質が堆積します。糞は結果的にそれらを含んだまま排出されるので、堆肥を作ろうとしてもうまく発酵しないのです。逆に腐敗菌を多く含んでいるため、堆肥の匂いも悪く、虫をたくさん呼んでしまうのです。

そのことに気づいてからは、良い肥料を作るために、様々な場所へ赴きました。「豚の糞がいい」という意見をもらうと養豚場へ向かいますが、そこでもやはり配合飼料を餌にしていました。さらに、匂いがきついので、それを和らげるために消臭剤を加えていました。

馬はどうかと、競馬のための馬を飼育している農園に行ってみましたが、厩舎を見てみるとたくさんの注射器が落ちています。定かではありませんが、興奮剤やその類を血液に入れているのでしょう。これでは、健康な糞など手に入れようがありません。

また、ある人からは「コウモリの糞が最高だ」という話を聞きました。確かにタイにたくさんいる虫たちを毎日捕食しているわけですから、大変健康な糞をしているはずです。驚くことにコウモリの糞を専門に採取する業者もいましたから、タイでは需要の高い肥料なのでしょう。少量手に入れて栄養分を分析してもらいましたが、バランス的にも肥料としてベストな状態でした。ですが一番の問題は価格です。これだけを使い続けることは継続が困難なほど高価なのです。

こうしてタイ中を回りましたが、どれも理想とはほど遠い状態でした。そこで考えたのは、自分たちで理想の糞を作ることでした。

豊かな環境で健全に育つ動物たちは
健康な肥料作りに欠かせない友人でもある

農園の一角を整地して、そこへ牛20頭と鶏を５００羽ほど放牧しました。餌のほとんどはハーモニーライフの農園で生産したものを与えます。日本にいると牛は穀物で育てるイメージがありますが、自然に生息している牛は草しか食べないのです。ですから、牛はハーモニーライフ農園内で、自然に生えている草を食べます。牛の餌はそれだけです。それでも立派な牛に生育します。

これで、健康な状態ですくすくと育つ鶏や牛が排出する糞を手に入れることができました。試しに発酵させてみると、私が理想としていたとても良い堆肥になりました。これを農地に撒き作物を植えてみると、驚くほど虫の被害も病気も減りました。健康に育っている野菜は、自ら虫に食べられないよう発育します。もちろん病気にもかかりづらいのです。

自家製の堆肥作りができるようになり、栽培も安定してきました。デパートやスーパーに対しても、以前とは比べものにならないほど安定供給ができるようになりました。しかし、虫や病気による被害がゼロにはならず、やはり病虫害の被害は時々発生します。こうした被害を完全に防ぐにはどうすればよいか、さらに研究を続けてみることにしました。

さらなる土壌と肥料の改良を実現させる「有用微生物」の存在

堆肥の質を変えることで丈夫な野菜が育つことがわかりました。しかし、以前よりは少なくなったとはいえ、まだ虫や病気による被害は発生しています。「もっと病虫害を抑える方法はないものか」と考えた私は、様々な文献を読んでいくうちにひとつの可能性を感じました。それが先ほどお話しした「有用微生物」の追求です。

堆肥が発酵する段階では微生物が大量に、そして活発に活動しています。また、土壌の中にも膨大な数の、多様な微生物が活動しています。この微生物を分類すると、大きく二つに分けることができます。ひとつは発酵を促す微生物と、もうひとつは腐敗を促進させる微生物です。お米を例にするとわかりやすいのですが、お米を上手に発酵させるとお酒や麹にすることができます。しかし、腐敗菌が入りお米が腐ると、とても食べることはできません。これを堆肥や土壌に置き換えると、有用微生物の働きで、もっと良質の肥料になったり、もっと良い土壌になることがわかったのです。

試行錯誤で微生物を研究し続けましたが、なかなか明快な解答を得ることができませんでした。上手に発酵させる代表的な微生物としては「酵母菌」や「乳酸菌」、「納豆菌」、「麹菌」などがあります。

微生物には好気性菌といって、酸素がある場所で活発に働く微生物がいます。土壌や水の表面は空気と接しているので、酸素が多くあり、好気性菌がよく働きます。ところが、土壌の中や水の中堆肥の中は空気と直接接していないので、好気性菌は活動を止めてしまうのです。現在、工場排水処理にも、好気性菌や好気性の水生生物をよく使用しますが、好気性菌や好気性の水生生物が活発に働くために、24時間エアレーションをして空気を送り続ける必要があります。農業では、土壌を良くしたり、水を改善したり、良い肥料を作るためには、好気菌だけでは半分程度しか効果がないことがわかりました。

そこで嫌気菌という酸素を嫌う菌を取り入れてみようと考えました。それを調べていくと思わぬ研究資料が目に入ってきました。それが「ＥＭ菌」だったのです。

「ＥＭ（Effective Microorganisms）」は日本語で「有用微生物群」と表現します。

１９８２年に琉球大学農学部教授の比嘉照夫氏（以下、比嘉先生）が開発に成功した、農業用の土壌改良に適した微生物資材です。主に乳酸菌や酵母、光合成細菌らが共生体として存在しているもので、その他に80種類以上の有用微生物群が共存しています。腐敗、腐食を促進する微生物に対抗できるだけの抗酸化力を持っているEM菌を使うことで土壌の改善と堆肥の発酵を促進してくれます。

そのことを知った私は、比嘉先生に直接お会いするため、ハーモニーライフのパートナーであった故ダボーン氏、アジアハーブアソシエーションという会社をタイで経営されている加瀬社長と一緒に沖縄へ行きました。それは２００７年春のことです。

私の相談に快く応じていただいた比嘉先生は、有用微生物ＥＭの働きについて、２時間ほどで、わかりやすく説明してくれました（詳しくはＥＭの文献がたくさん出ていますのでそれをご参考ください）。地球が生まれたときから、微生物の働きで、この地球上にあった有毒ガスや放射能、有毒物質が分解され、微生物や微細なプランクトンなどの働きで、酸素が発生します。そのお陰で、植物が生まれ、昆虫や魚、そして動物、人間が生まれるに至ったことなどについてお話をいただきました。また、微生物がいろいろなものを分解し、そしてそれがまた新しい命の糧として生まれ変わっていることや、人間の歴史の中で、微生物がいかに大きな働きをしてきたかなど、興味深いお話をしていただきました。お酒やワイン、ビール、漬物、味噌、ヨーグルト、チーズなど、たくさんの食品が微生物のお陰でできています。また、農業において微生物がどのような働きをしているかについて、今まで知るよしもなかった微生物の世界をたくさんお話してくださいました。

お話をいただいた後、私たちは比嘉先生のバナナ農園にお連れいただきました。ＥＭを随時使用しているとのことで、本当に立派なバナナの木がたくさんあり、バナナの本場、タイから来た私達もその立派さに驚かされました。

比嘉先生とはその後も何度かお会いすることができ、ハーモニーライフ農園にもお越しいただきました。ハーモニーライフ農園を訪れた比嘉先生は、農薬と化学肥料を一切使用しないオーガニック農法でたくさんの種類の農作物が栽培されていることを本当に喜んでいただき、いろいろなアドバイスをいただきました。特に有用微生物ＥＭの使用法については、「濃度は薄くても良いから、頻繁に使用しなさい。多くの人は、結果がすぐに出ないと止めてしまうが、結果が明確に出るまで使い続けることです」と教えてくれました。

そして比嘉先生からのアドバイスを受けた通りにＥＭ菌を培養し、さらにタイの気候にも合うよう、ハーモニーライフ農園で栽培しているハーブ類も加えて研究を続けました。なぜなら、ハーブについて調べていくうちにハーブ類にはとても高い抗酸化作用があり、ハーブとともに生育している有用菌が多いことがわかったからです。

ハーモニーライフの農園にはたくさんの種類の野菜が栽培されていますが、一つひとつに個性があります。肥料をたくさん必要とする野菜もあれば、あまりあげすぎると元気をなくす種類の野菜もいます。水を好む野菜もありますが、水が多すぎるとすぐに病気になる野菜もあります。固形の肥料よりも、液体状の肥料の方が即効性のある場合もあります。

比嘉先生から教わったEMにハーモニーライフ農園で栽培しているハーブをミックスして培養した微生物群を堆肥の発酵や土壌改良に使ったところ、虫食いや病気の発生率はさらに減少しました。これには自分でも驚きを覚えるほどで、すべて自然由来のみの材料で実現するオーガニック農法に対し、十分な手応えを感じることができました。

この農法では安定した作物の提供が実現できただけでなく、気温が30度以上ある場所では栽培が難しいとされていた野菜たちの栽培にも成功しました。例えば、玉レタスやレタス類は30度を超す気温の中では栽培が難しいとされている代表的な農産物ですが、ハーモニーライフ農園の有用微生物を多く含んだ土壌では、とても元気に栽培することができます。これによって栽培できる野菜の種類も増え、現在では野菜が40種類、ハーブが15種類、果物が15種類と70種類もの農作物の育成が行えます。

農業用水にもEM菌を入れる

スプリンクラーで各エリアへ水を散布する

また、面白いことにこの微生物群を農園用水に混ぜたところ、それを飲み水として与えている鶏や牛も病気をしなくなりました。肥料の入手から、微生物群の開発成功まで実に7年以上を要しましたが、タイで行うオーガニック農法としては、恐らく最大の成果を上げられたと確信しています。

「土」と「雑草」に向き合うことで農法も変わる

話は戻りますが、購入したハーモニーライフの農地は赤土がベースとなっていました。赤土は粘土質が多いため、水はけが大変悪いのが特徴です。当時手伝ってくれていた農家の人たちには「こんな土では野菜が育たないぞ」と脅されていました。

土には微生物群と同様に大切な「水を含む」という能力があります。農業用地としては「水持ちもよくて、水はけもいい」という相反する性質を持たせる必要があるのです。農業用地について話をするときは微生物群の存在よりも、水はけの方が一般的かもしれません。それぐらい大事な特性なのです。農地を開墾していく段階で、赤土が多いことがわかった私は、堆肥を作るときに植物素材を70％近く使うようにしました。

これは繊維質を多く含む堆肥の力で、土壌を改善させていきたかったからです。当時は素人でしたが、土壌そのものを変えていくには長い年月がかかることは想像できました。しかし、オーガニック農法しかやるつもりがなかったので、ありのままの土の力を使いたかったのです。

例えば、砂を多く含む土地で、水はけが良すぎるようなら、また違った方法を考えたかもしれません。しかし、私はこの土地に繊維質を多く与えていくことで結果が出るという確信がありました。

土壌の改善には、そのような気長なやり方の他にもいろいろなやり方があります。例えば、「天地返し」という農法の場合、40～50センチメートルほど土壌を掘り下げ、下の土を表層に、それまであった表層の土を入れ替えるのです。一見すると土が軟らかくなるのでよくできた農法に感じますが、実態は違います。表層にいなければならない微生物層が死滅し、それまでとは違った微生物群が発生するのです。ミミズのような土を食べて生きている有用生物も死滅します。農薬や化学肥料にまったく依存しないオーガニック農法の場合、微生物群を利用するので、この方法はまったく不向きなのです。

また、同じように有名な農法に「野焼き」、「焼き畑」などもあります。文字通り、農地の表面を燃やすことで肥料などを使わずに農地を作る技術です。休耕地をローテーションさせることで、一定の微生物群が形成されることが期待できますから、こちらも一見よさそうに思えます。しかし、農地とするために土を野焼きするので、表層の微生物群は死滅します。そのため、こちらもオーガニック農法には適さないのです。

様々な農法を研究していくうちに、オーガニック農法には、もっともオーソドックスな農法のひとつであるロータリー式がよいとわかってきました。収穫が終わった農地は一旦休ませます。土地を寝かせていると雑草が生えますが、それが少し伸びてきた頃がロータリーの時期です。雑草は野菜よりも深い場所まで根を張ります。

しかも、野生の植物なので驚くほどの勢いで根を伸ばすのです。それがごく自然な形で、土地の下層と上層の栄養の入れ替えをしてくれる役目を担います。ちょうど良い頃合いを見計らって、ロータリーを使って浅く土を攪拌《かくはん》しますが、そのとき生えていた雑草は土と絡み合うようにして表層に混ざります。これが最適な「緑肥」になるのです。

農業というのは「草との戦い」と言われます。農家の人たちは雑草を目の敵にして、除草剤を使いますが、実際には農業に非常に役立つ存在なのです。繊維質を多く含む土壌を育成し、水はけもよくなりますし、大雨のときは野菜を雨から守ってくれる働きもします。また、先ほど述べたように土中の栄養素を循環させてくれたり、自ら緑肥になってくれたりもするのです。

ハーモニーライフ農園へ見学に来た人が驚くのは、至るところで見られる雑草たちでしょう。畑に混ざって雑草たちが生い茂るエリアもありますし、農地のすぐ脇に生い茂る雑草も目に入るはずです。タイには雨季がありますが、農作物は基本的にその時期は苦手です。大きめの雨粒が降れば、地面に落下したときに土が跳ねます。これが野菜の葉につくと、そこが斑点になったり、黄ばんだりするのです。また、そうした水はけの悪い場所では根腐れも起こります。

しかし、雑草と混成させていると、泥ハネが激減します。さらに雑草は盛んに水を吸収し発散しますから、根腐れも起こりにくくなります。虫の被害が多い時期でも雑草と混成させると、虫たちはそちらから優先的に食べるようになります。これを知ったときには、虫は野菜が好きで農園に集まるのではなく、食べるものがなくなったので仕方なく野菜を食べに来たのだと気づきました。

ただし、雑草との混成に向かない食物もあります。お米などは雑草を嫌う代表的な種類の農作物です。また、野菜類も度を越して雑草と混成させると、生命力の違いから雑草に負けてしまうことがあります。ですから、野菜と雑草が調和を取れるように栽培することが大事なのです。雑草を目の敵にするのではなく、農地と農作物、そして雑草をうまく調和させてやることで、雑草も役に立ってくれるのです。

こうして土壌改良を気長に続けてきた結果、現在のハーモニーライフ農園の農地は健康的な黒土へと変化しています。微生物群も豊かで元気です、そのお陰で野菜も雑草も元気よく成長しています。

そもそも、除草剤の類を一切使わないのがオーガニック農法です。雑草への対処は非常に大きなポイントです。しかも「調和」させるとはいっても、先ほど触れた通り、野菜や果物の種類によって扱い方も変わります。ですから、農園全体を俯瞰して考えないとうまくコントロールできません。ところが、各地で行っているセミナーでこうしたお話を展開

雑草と同居する野菜

しても、あまり伝わらないのが事実です。伝わらないというよりも、除草剤を使うことや土を裏返すことが当たり前だとそれまで確信して農業を続けてきたのですから、簡単には信じてもらえない、と言った方が正しいかもしれません。

ですから、オーガニック農法に興味がある人、特に農業経験者やこれから農業をやろうという若い人は、ハーモニーライフ農園に来ていただきたいのです。実際に見て、触れて、体感していただければオーガニック農法のすばらしさが、必ず伝わるからです。

第4章

『大賀流オーガニック農法』で新たな農業ビジネスを伝播

利益の追求を中心とした現代農業

現代の経済システムがもたらしているのは、大量生産、大量消費、大量投棄の文化です。スーパーマーケットにはいつでも新鮮に見える野菜が何種類も山のように積まれています。これは、「そうした方が美味しそうに見えるから」という理由があるからです。ですから、農家も「なるべく手間をかけず、たくさん作ってたくさん収穫する」という行動に出るしかないのです。それが繰り返されるうちに、手間のかかる堆肥作りをやめ、農薬や化学肥料がその代替になっていったのです。農業だけでなく、畜産業も、漁業もすべてに同じことが当てはまります。

狭い敷地で押し合いながら育つ豚は、病気にならないように抗生物質を与えられながら育ちます。さらによく太るようにホルモン剤を使うケースもあります。漁業は魚を捕獲してそれを市場に卸していました。しかし、自然界の生き物はたくさん捕れるときもあれば、まったく網にかからないこともあります。安定した市場への供給のために発達したのは養殖技術です。自然界では他の魚を追い回していた魚たちが、そこでは様々な化学物質を含ませて育てた配合飼料を与えられます。

そうしてつくられた肉や魚の切り身を消費者が食べます。その身にはどのような物質が残留しているか、気がつかないまま、毎日の食卓を飾るのです。そしていつしか健康を損ない、疾病してしまう例も少なくありませんが、それが口にし続けてきた食物が原因だとはなかなか考えません。

これは私たち生産者が、あるべき姿を忘れているから起こっていることかもしれません。それに気がついた一部の人たちは行動を開始しています。しかし、現在ではまだ少数で、もっと多くの生産者に気づいてもらわないと、人類そのものだけでなく、地球をも破壊しかねないところまできているのです。

本章では、これまで私が重ねてきた活動を中心にお話を進めていきたいと思います。

ハーモニーライフに研修施設を建設した理由

ハーモニーライフには100平方メートルの研修ルームを設けています。農園を作るときに一緒に建設したもので、ホテル並の設備をもつ宿泊施設を3部屋用意してあります。私は最初から、ここでタイの農民を招いてオーガニック農法に関して研修を開いたり、意見交換をしたりといったことを考えていました。タイで農園をやる前から話しは聞いていたのですが、「タイの農民は非常に貧しい」という事実から脱却してもらいたいと考えていたからです。

ハーモニーライフ農園をスタートした当初は私自身がオーガニック農法をわからなかったので、数年間は自分の勉強と実践の期間でした。2004年にタイ国農業省のオーガニック認可を取得し、2006年にはタイ国農業省からオーガニックのモデル農園の指定を受けることとなりました。そのときからタイ国内をはじめとして、海外からも研修や農園見学の問い合わせが来るようになりました。研修では基本的なオーガニック農法のやり

ハーモニーライフで開催されるセミナーの様子

方や、考え方はもちろん、実際に農園で実践的な農法も体験してもらっています。

研修に訪れてくれるのは、多くが農村のリーダー格の人たちです。大抵、10名から20名ほどで訪れてくれますが、日本でいえば村長や青年団長といった方が多いです。彼らに「オーガニック農法について学んでもらい、村へ帰ったら、それを実践する」という流れができるのが理想的です。

しかし、実際にオーガニック農法を学んでもらった人たちの中で、1割程度の人がようやく、実践してみようかと、村の一角にある休耕田や荒れ地に手をつけてくれるくらいです。しかし、それは大きな前進だと考えています。少しずつでも広がっていけば、やがてそれは大きなうねりとなるはずです。私はその日が訪れるまで、この活動を続けるつもりです。

私としては今すぐに、農薬や化学肥料にまみれた農法から脱却しないと手遅れになると考えています。しかし、彼らにとっての農業は、そこから食糧を生み出したり、金銭を得たりする行為なのです。家族がいれば養っていかなくてはならないのです。オーガニック農法に理解があっても、なかなかすぐに踏み出せないのも理解できます。

また、彼らの中にはまだ、農業をビジネスとして捉える感覚はなく、商品である野菜や果物も市場やエージェントの言い値で売ることが当たり前の人が大勢います。「自分たちの作る野菜や果物に、付加価値をつけて売ろう」、「それをビジネスとして広く市場に売りだそう」といったことを考える人は皆無です。私もそんな中で生まれ育てば、同じように考えていたかもしれません。農業の素人だからこそ、思い切ったやり方ができるのかもしれませんし、それまでの人生で、世界をマーケットにしたビジネスをしていたことが影響しているのかもしれません。

しかし、農家の人々と触れあい、その純朴さと屈託のない笑顔のある暮らしを守ってあげたいとも考えています。彼らの生活をもっと良くしてあげたいのです。そんなことを考えながら続けていた研修の中で、一人の参加者が投げかけてきた質問がきっかけとなってひとつの突破口が開けました。

オーガニックへの理解

タイの農家の多くが、農薬や化学肥料への危険性を認知していることは、先にも述べました。私は現在タイ国内でも様々な場所でセミナーを開いて、オーガニック農法の良さを伝える活動をしていますが、時々ハッとさせられるような質問が投げかけられることがあります。

「大賀さん、オーガニック農法がいかにすばらしいか、そこで採れた野菜がいかに安全で美味しいかは理解しました。しかし、もし私がオーガニック農法を取り入れたとして、農作物が病虫害で被害を受け、収穫に失敗したら、いったい誰が私たちの生活を補償してくれるのですか？」。

セミナー中で、ある農民がこんな質問をしてきました。彼の言い分は実によく理解できます。彼ら農民にはそれまで培ってきた農法が土台となって、その上に成り立っている日々の生活があります。子供もいるでしょうし、野菜を収穫してそれを市場で売り、家族を養っていかなくてはならないのです。ですから、オーガニック農法が環境にも人類にも貢献できるという理屈だけを一方的に聞かされても、それがどんなに良い行いでも、生活の保障がない限り、自ら踏み出せないのが現実なのです。

これは日本の農家、いや世界中の農家でもよく聞かれる声です。どんなに良いことでも、今の暮らしを保とうと思えば、自分が取り組んできたやり方を変えることは難しいのです。私もオーガニック農法によって安定供給を実現するのに4年以上かかっています。もっとも、私の場合はまったくのゼロからはじめたこともあるかもしれませんし、さらに言うと余計な知識も持っていなかったので、最短距離でオーガニック農法を実現できたのかもしれません。一方、彼らにはそのチャレンジをするだけの余裕がないのです。

ですから、最初にそうした声を聞いたときは返答に窮しました。「国の補償が受けられるのか?」それとも「誰かが不足分を補ってくれるのか?」といったことも答えられませんでした。

もちろん病虫害で収穫ができなくても、国からの援助も受けられないし、ハーモニーライフもそれを援助する力はありません。オーガニック農法を始めたら、どんなに病虫害に遭おうとも、農薬は一切使用できないのです。それに農作物が全滅することも考えられます。オーガニックに切り替えた後に、どのようにして農民の生活を安定させることができるのか、当時はその答えが見つかりませんでした。これでは、オーガニックの良さはわかってくれたものの、オーガニック農法に取り組む農民はいないことに気がついたのです。オーガニックを広げるためにどのようにしたらよいのか、本当に悩みました。

その答えがハーブだったのです。ハーブというのは、自然界でも特に生命力が強い植物です。予備知識や経験が少ない人でもオーガニック農法での栽培が容易で、十分期待できる収穫が見込めます。ハーブを野菜や果物と一緒に、オーガニックで栽培してもらい、ハーブを栽培して得られる収入で、基本的な生活や食事、子供の養育ができるようにしていく方法です。もし野菜が病虫害で収穫が難しくても、ハーブで基本的な生活ができるなら、農民の方々も勇気を持ってオーガニックに取り組むことができます。また、今まで農薬や化学肥料を使用していた農地はオーガニック農法に切り替えても、3年ほどは病虫害の問題が必ず出てきます。しかし、それも土壌が良くなってくれば、その被害は次第に減り、その分だけ収穫も増えます。それに伴って収入も増えてくるので、生活はさらに良くなっていくと考えました。

そして、栽培したハーブと野菜は、要望があればハーモニーライフで買い取ります。ハーモニーライフがそれを購入することで、彼らも利益を得ることができます。そして私たちはそのハーブを工場で加工し、ハーブティーやハーバルボール、マッサージオイルなどへ製品化します。また、オーガニック農法で収穫された野菜は、ハーモニーライフの販路を通じて販売のお手伝いもします。もちろん、彼らがしっかりオーガニック農法に取り組んでくれれば、一般的な市場価格よりも高値でハーブと野菜を買い取ることにしています。

オーガニック農法での野菜作りに失敗し、収穫が見込めない年があっても、ハーブなら栽培できるし、買い手もあります。その安心感を与えてあげれば、彼らは積極的にオーガニック農法に取り組んでくれるのです。

そして、ハーブの栽培をするのと同時に、野菜栽培も多品種を栽培する農法に切り替えることを勧めています。タイでも日本でも、多くの農家は少品種の大量生産の方法をとっています。この方法だと、病虫害が起こったときに、その被害はとても大きくなります。時には全滅し、収入がまったくないことも起こります。私が勧めるオーガニック農法は、多品種の野菜、多品種の果物の栽培です。そして、野菜や果物の農園の中に、ハーブも一緒に栽培していきます。この方法をとれば、ある野菜が病虫害で収穫できなくても、他の品種の野菜は収穫でき、収入を得ることができるようになります。また、ハーブを一緒に栽培することで、防虫効果も出てきます。オーガニック農法へ本格的に取り組むときに、ハーブをひとつの柱としてもらう。この明確な回答をたくさんの農家に届けられるようになったのは、私にとっても大きな出来事でした。

私の農園の近くで、やはりカオヤイ国立公園に隣接する広大な農園があります。ここは今までバナナとライムを栽培していましたが、土壌が砂質で、水はけが良すぎるため、優良なバナナとライムが栽培できませんでした。この農園のオーナーと農民の方々が、当社の研修に来られ、有用微生物を活用したオーガニック農法に切り替え、土壌の改良、肥料の改善に努力されました。また、バナナの木の間に、野菜やハーブを栽培することもはじめました。ここの農園でも、状況は少しずつ改善されており、バナナやライムも成長が良くなりました。さらに、以前は思ってもいなかった野菜やハーブの栽培も同時にできるようになり、収益も増えてきています。

また、タイのひとつの県であるスリン県は、とてもオーガニック農法への意識の高い県です。今は亡くなってしまいましたが、ハーモニーライフの大きなパートナーであったタボーン氏の出身県でもあります。タボーン氏はスリン県の名門の生まれであり、オーガニックを一生懸命に推進した人でもありました。

野菜や果物よりもオーガニックが簡単なのは、お米です。特に有用微生物を活用した稲作は、病虫害にも強く、収穫量も申し分なく、そして何より美味しいお米が収穫できます。彼の依頼で私はスリン県で、何度もオーガニックの講演と研修を行ってきました。スリン県は、タイの最高品質のジャスミン米の産地でもあります。現在、高品質のとても美味しいオーガニック栽培のジャスミン米がたくさん収穫できるようになってきました。当社でも、スリン県のオーガニックジャスミン米を、以前研修をした農園から購入しています。当社のショップやデリバリーでの販売、レストランでの使用、さらには香港、シンガポールに輸出するお手伝いもしています。

ハーブの強さを利用した農法

ハーブ類は香りが強く薬効成分もたくさん含んでいます。これは虫や病気から身を守るために進化した結果です。昔からそれを知っていた人間は、病気になるとそれらを摂取したり、予防のために日々の料理に取り入れたりしてきました。

ハーモニーライフ農園でもこんなことがありました。イチゴを栽培しようとしたのですが、イチゴがつける実は甘い香りを発するので、すぐに虫に発見されてしまいます。どうしても実がなる頃になると虫がついて困っていたときに、ハーブの存在に気がつきました。そのときはたまたま長ネギの準備をしていたのですが、この野菜もハーブと同じぐらい薬効成分を豊富に含んでいます。そこで、イチゴの苗とネギの苗を交互に植えてみました。ネギはもともと虫がつきづらいのですが、それはあの独特の香りが虫除けに効果的だからです。イチゴ畑で甘い実がたわわに実る時期でもネギが生長を続け、同じように虫たちが嫌いな匂いを出し続けてくれます。イチゴ畑を確認してみると、あれほどイチゴの実にとりついていた虫たちがほとんどいません。ハーブ類と、虫や病気に弱い野菜を組み合わせることで、耐性の高い栽培が行えることがこれで実証できたのです。

考えてみれば、自然の山ではひとつのエリアに実に多彩な植物が存在しています。一種類の草だけが一面を覆うような光景の方が珍しいほどです。いろいろな植物が共存共栄して、お互いに棲み分けて繁栄を続ける姿が自然なのです。そこへ人間が介在し、自分たちの利益になりそうなものだけを残し、他を駆逐していきました。その結果、絶滅に追いやられた種もたくさんあります。多様な植物がお互いに良い影響を与えつつ育っていく姿を、自分たちの畑で実践させればよいだけのことなのです。ハーモニーライフで豊富な野菜が収穫できるのは、この考え方を遂行した結果といえるでしょう。

今では、こうした特長を活かした農法も提案しています。ひとつの農地でオーガニック農法を実践する場合、ハーブ、野菜、ハーブ、野菜といったように、上手にハーブを配置することで、両者が健康に育ちます。日本の稲作農家でも、田んぼの畔にハーブを植えて

虫に強い農作物、虫に弱い農作物。両者の良いところを取り合って作付けすれば、虫対策に効果的な農法も生まれる

あげれば虫への耐性が強くなります。果樹園だったら、木々の間にハーブを植えてやれば虫や病気への備えになります。考え方も実践の仕方も非常にシンプルです。どんな農家でもすぐに試すことができます。

過剰に農薬や化学肥料を撒き続けた土地はすぐに改善はしません。しかし、こういった方法で収穫を続けることで、数年後には土壌も回復し、立派にオーガニック野菜として出荷することが可能になります。有用微生物の力を借りることで、土壌が良くなり、堆肥やぼかし肥料、液肥料も次第に品質が向上します。そして栽培する野菜や果物の性質に合った栽培方法に変えることで、病虫害は必ず激減していきます。

ですから、「オーガニック農法は複雑で難しくないか？」といったような問いにも、今はハッキリ答えることができます。

「オーガニック農法は難しくないのです」。

私はノウハウを出し惜しみすることは一切しません。今まで13年間培ってきたハーモニーライフ農園のオーガニック農法は、要望があれば誰にでもお教えしています。一人でも多くの農家が、オーガニック農法を実践し、それがどんどん広がっていくことが私の目標でもあるのです。

マーケットを自ら切り開くのがビジネス

オーガニック農法で栽培された農作物には付加価値が生じます。全世界の農家がオーガニックへ回帰できる日が来れば付加価値はなくなりますが、現実問題としては未だに農薬や化学肥料を使った農法が主流であり続けることは避けられない事実でもあります。オー

タイの一般的な市場

ガニック農法は比較的手間がかかりますが、それだけ安全で安心な農作物を消費者に届けることができるのです。実際の数はわかりませんが、地球環境の改善と、自分たちが口にしても安全・安心な食品を手に入れたいと感じている人は、都市部になるほど多いと感じています。もちろん、人口が密集しているから、それは当然だとしても、やはりオーガニック農法で栽培された野菜がよく売れるのは都市部の方が圧倒的です。特にバンコクは世界中の人々が住んでいる国際都市です。ですからオーガニックに対する知識や健康に対する意識は地方よりはるかに高いのです。残念ながら、地方ではオーガニックという言葉すらわからない人たちが多いのも事実です。オーガニックと、農薬と化学肥料で栽培された野菜の区別も地方ではわからないことが多いのです。

ですから、タイの農家が地方でオーガニック野菜やハーブを作っても、今まで通りの流通価格にしかなりません。例えばキャベツなどは地方へ行けば驚くほど安く手に入ります。1キログラムあたり、日本円で10円程度の地域もあります。それがオーガニック農法で栽培されてもその値段なのですから、また農薬と化学肥料を使用する農業に戻ってしまうことも考えられます。先ほど、オーガニックで栽培したハーブや野菜をハーモニーライフが買い取るというお話をしました。私たちが安全・安心なキャベツを1キログラムあたり50円で買い取って、オーガニックへの理解が深い都市部へ持っていって販売すれば、農家は今までよりもはるかに良い収入を得ることができますし、オーガニックで栽培した彼らの努力も報われます。

最終的には自分たちでマーケットを切り開いてもらいたいのですが、最初はこの方法がベストと考えています。ただし、当社でもタイの全農家を対象に農作物を購入することは現実的に困難ですから、自らマーケットを開く姿を見に来て欲しいと思っています。多くの農家の方々にハーモニーライフへ来ていただく理由もそこにあります。私たちはバンコクへの農作物の輸送や、各家庭へ直接野菜などを運ぶ、ホームデリバリーサービス用のトラックを所有しています。また、直営のオーガニックショップも経営しています。そうやって、オーガニックで栽培した野菜や果物を自分たちの開発したマーケットで提供すれば、努力した正当な価格で野菜を買ってもらえることに気づいて欲しいのです。

安定提供のために加工品を生産する

もうひとつ、農家の方々に考えて欲しいのが加工工場を持つことです。野菜や果物はもちろん生ものですから、長期の保存が難しい側面があります。一部の穀物などは長期保存にも耐えられますが、基本的に青野菜や果物は不可能です。農家はその場ですべて売り切ってしまいたいと考えますが、それが中間業者の潤うひとつの理由でもあるわけです。

豊作のときは市場価格が安くなります。ですから、恐ろしいことに価格の安定化のために、農作物を大量に捨てるという狂気とも思える行動に出てしまうのです。なぜ、そのときに「たくさん採れたのだから、保存できるように加工しよう」と考えないのでしょうか。恐らく世界中で発達してきた漬け物やジャムといった食品は、大昔の人間が必死に知恵を絞った結果に生まれたものでしょう。保存した食物は、日々の食事に利用されるだけでなく、悪天候で不作だった年には非常に有効な栄養元の確保にもつながります。現代でも、イチゴをそのまま売るよりも、ジャムにした方が高額で取り引きされることがあります。

ハーモニーライフでは、起業するときに小さな工場を建てました。なぜなら、当初からたくさんの野菜が採れるとは考えていませんでしたが、長期保存が可能な商品をそこで製造して、日本をはじめとした海外へ輸出したかったからです。

ハーモニーライフの農作物を使った保存可能な商品として代表的なのは「モロヘイヤヌードル」です。当社とプレジデントフーズ社との共同開発で生まれたノンフライベジタブル乾麺は、世界中で愛されています。パッケージから取り出すと、緑色をした乾麺が出てきます。この緑色の正体はオーガニック農法で栽培されたモロヘイヤです。エジプト原産のモロヘイヤは栄養バランスが極めて良く、原産地のエジプトをはじめ、日本でも一時期ブームになったほど栄養価の高い野菜です。しかもオーガニックモロヘイヤなので、子供から老人までどなたでも安心して食べられます。

この麺は一度お湯に入れ、2、3分茹でます。そのままスープへ入れてラーメンのようにして食べるのもよいですし、湯切りしてからパスタのように他の材料と絡めて食べても美味しいです。モロヘイヤの独特の香りと、ノンフライ麺の歯ごたえのよさから、リピーターが続出している商品です。

この形状だと保存が容易であることと、コンパクトなので輸送しやすいメリットもあります。野菜が不足しがちな現代人に、効率よく身体が必要としている栄養分を美味しく摂取できるのが売れている理由です。

また、ハーブ類をここで加工して製品として出荷することもしています。ハイビスカスティー、ミックスハーブティー、ジンジャーティー、レモングラスティー、モロヘイヤティーなどが人気商品ですが、使われている材料はオーガニック農法で栽培されたハーブ類のみを材料にしているので、香りも高く、味の奥行きも違います。また、マッサージのときに使用するたくさんの種類のハーブを使用したハーバルボール、お風呂に入れるとき

豊富なラインナップのハーブティー　　モロヘイヤヌードル

オーガニックジャム

ラベンダー＆ジャスミン
アロマシャンプー、
トリートメント

ハーモニーライフ
台所洗剤

に使用するバスボール、30種類のオーガニックの野菜・ハーブ・果物で作った抗酸化酵素ドリンク、オーガニック野菜で作る漬物、オーガニックジャム、オーガニック卵と野菜で作ったドレッシングなどを生産しています。

この他、第１章で述べた水資源への環境的取り組みとして、天然原料のみで作られた台所洗剤や、洗濯用洗剤、シャンプー&トリートメント、ボディーソープなども製造しています。スキンケアに最適なアロマ石けんや、アロマオイルなど、女性にぴったりの製品も人気です。

こうしたオーガニック野菜やハーブを中心にした商品と、自然成分由来の洗剤、石けんなど、すべてがハーモニーライフの工場で生産されているのです。そして、私たちが築いたマーケットを使って世界中の消費者に届けているのです。

これをどこかの食品工場に原料として野菜を納めるなら、当然、工場は野菜をできるだけ安く購入することを考えます。工場は大量生産しなければなりませんから、原料が少しでも安い方が、彼らの利益は大きくなるからです。ですから農家は安く売らざるを得なくなり、結果として彼らの利益はますます小さくなってしまうのです。

もちろん、個人で工場を持つことは難しいでしょう。しかし、例えば村単位でひとつ小さな工場を建てるといったことは可能なはずです。ですから、ハーモニーライフに来てもらった農家のみなさんには、私たちが製造している製品の加工される様子も見学してもらっています。小さな工場でその地域ならではの加工品を作ることも大きな付加価値を持ちます。それが市場で受け入れられさえすれば、後はその利益を使って工場を大きくしていけばいいのです。

これまでの流通システムを破壊する

オーガニック農法による高い付加価値を、きちんと正当な市場で判断してもらうことがとても大切ですが、今までの流通システムでは、生産者から消費者に届くまでに、何段階も中間業者を通らなければなりません。タイでは、生産者からエージェントに、さらにエージェントからスーパーマーケットに、スーパーマーケットから消費者に、少なくとも消費者に届くまでに、3段階、4段階を経るのが普通の流通です。生産者は、お客様の顔も見えませんし、自分で野菜の価格を決めることもできません。

これは日本でも同じ問題を抱えています。生産者と消費者だけが存在すれば、いわゆる「手間賃」は発生しません。日本では農協が、タイではエージェントがその役割を担っていて、結果的に市場価格も彼らが決めます。ただでさえ安く買い叩かれているのが現状ですから、農家の人たちが豊かになるためには、なるべく消費者に近いところでビジネスをする必要があるのです。

ここ数年、日本で浸透してきたのが、インターネットを使った通販システムの利用です。農家が農作物を作り、その状況をライブのようにブログ感覚でホームページに載せます。日々、順調に育ち、美味しそうな実がついた野菜や果物を、消費者が注文します。日本では「産地直送」という言葉で、これを展開して大きなビジネスを成功させている農家もいます。

消費者にとって生産者の顔がきちんと見え、栽培方法もわかるということで、これが付加価値を生み、多少高価であっても飛ぶように売れるのです。農家にとっても、中間業者が存在しないので、利益幅は一般的な卸価格と比較して段違いによくなります。消費者の「美味しい」といった声が直接届くので、翌年の栽培にも「やる気」が出てきます。もちろん、逆の「美味しくなかった」という声が届くこともあるでしょう。しかし、農家にとってはそうした声の方が大切で、これを解消するために様々な工夫をすることで、より付加価値の高い農作物の生産につながります。

消費者となるべく近い位置でビジネスをするだけで、単純に考えてこれだけの大きなメリットがあるのです。自分たちの商品に自信があれば、誰だってチャレンジできるはずです。例えばタイの農家にしても、村でひとつのインターネット回線を引いて、そこでホームページを運用してみればよいのです。マーケットを開きたければ、自分たちの地域の特産品やそこでしかとれない農作物の加工品を作って、都市へ持っていく、といったビジネスを展開してみれば必ず結果がついてくるでしょう。

ハーモニーライフの研修では、そうしたマーケット開拓についてもお教えしています。今すぐの変革が無理でも、将来こうありたいと考えてもらえればいいと思います。

ハーモニーライフジャパン
のホームページ
http://www.fukunet.or.jp/member/HLJapan/

ナチュラルオーガニックス
のホームページ
http://www.naturalorganics.jp

世界各国が取り組み始めているオーガニック農法をサポート

ハーモニーライフでは、タイだけでなく、アジアを中心に世界各国が取り組みを始めているオーガニック農法をサポートしています。タイで培ったノウハウをお伝えし、各国で独自のオーガニック農法が可能になるまで私がレクチャーをしたり、ハーモニーライフの農園に招いて農法を勉強していただいたりしています。ここでは、いくつかの事例をご紹介しましょう。

●インド

元アジア開発銀行の融資局長をされていた森田徳忠氏からの依頼で、２００８年４月にインドの「Ｎｏｒｔｈ　Ｅａｓｔｅｒｎ　Ｄｅｖｅｌｏｐｍｅｎｔ　Ｆｉｎａｎｃｅ（ＮＥＤＦｉ）」主催のオーガニック農法の研修をインド東北部のアッサム州とシッキム州でいたしました。インド政府は、インド東北部の６州をオーガニックランドと名付け、今までの農薬や化学肥料を使用した農法から、オーガニック農法へ移行することをはじめています。東北６州といってもその広さは日本より広く、広大な地域がオーガニック農法に移行することは、とてもすばらしいと思います。

最初はＮＥＤＦｉの数名の方が、ハーモニーライフ農園を訪問されました。ＮＥＤＦｉの方々がハーモニーライフ農園で多くの種類の野菜や果物、ハーブがオーガニックで栽培されているのを見て、ぜひインドでハーモニーライフの農法を教えていただきたいとの要請があり、インドに出かけていくことになりました。

アッサム州とシッキム州は、ダージリンティーで有名な西ベンガル州のダージリンと同じように、世界的なお茶の産地でもあり、ヒマラヤの山々に囲まれた地域は、冷涼な気候で、いろいろな作物の栽培にも適しています。ここでは5つの地域で、オーガニック農法の研修をしてきました。集まってくる農民たちの多くがお茶をメインとして、いろいろな

インドでのオーガニック農法セミナーの模様

積極的に農法を学ぶインドの研修生

野菜を栽培しています。ここでは特に有用微生物（ＥＭ）を使用した農法を指導いたしました。

有用微生物を使用して土壌や肥料を作ることで、さらに美味しいお茶や野菜が栽培でき、丈夫な茶の木を育てることも可能になります。

私が研修をしたときは、まだ、有用微生物を農業に使用するという知識がなく、農民の方々も半信半疑で私の話を聞いていましたが、その後、インドでも有用微生物を使用したオーガニック農法が東北部を中心に広がって行っており、とてもうれしく思っています。

●日本

２００８年、武雄市（佐賀県）の樋渡市長からの依頼で、市の町おこしにレモングラスを使いたいと依頼を受けました。武雄市には「武雄温泉駅」という駅があります。その名からわかる通り良質の温泉が湧くことで昔から知られている土地なのです。ところが、近くにはさらに有名な嬉野温泉があります。武雄温泉はとてもよい温泉ですが、どうしても全国区の嬉野温泉にお客様が流れてしまうのです。

それをなんとかしたいという理由から、いろいろな町おこしのプロジェクトが組まれました。そのひとつにハーブの一種である「レモングラス」を使うというものがありました。これは、樋渡市長のアイデアです。もともとタイが大好きな方で、若い頃からタイに何回も訪れていたそうです。

レモングラスについて調べていくうちに、ハーモニーライフの名を聞いたという樋渡市長から、このプロジェクトへ参加して欲しいという依頼がありました。武雄市でレモングラスの栽培をしたい、そしてそれを商品化して武雄市の町おこしのひとつになれば、とのことでした。

そもそも、レモングラスは世界三大スープのひとつ、トムヤムクンのベースの材料のひとつで、タイでは様々な料理に使用されています。他にも、レモングラスハーブティーや菓子、いろいろな料理の食材としたり、温泉のウエルカムドリンクとして使ったり、温泉に浮かべたり、と応用範囲も非常に広いのが特長です。こうして武雄市で栽培したレモングラスを商品化し、全国展開して武雄温泉をもっと有名にしたいというのが狙いです。

私はプロジェクトについて熱心に語る樋渡市長の情熱に感銘を受けて、快く依頼を引き受けました。レモングラスの町おこしプロジェクトのリーダーは武雄市役所営業部観光課の秀島一喜氏です。彼らはさっそく武雄市役所に「レモングラス課」を作り、活動をはじめました。この話が決まってすぐに市の職員と武雄市の農家の方々がタイに来られてレモングラスの栽培法を勉強しました。レモングラスの香りとハーブの薬効を高くするのは、やはり有機栽培でレモングラスを育てることが大切です。また、栽培法と同時にレモングラスを使用したいろいろな加工品についても研修しました。

レモングラスには西インドレモングラス、東インドレモングラスの二種類があります。西インドレモングラスはトムヤムクン、ハーブティーに使う食べるレモングラスです。東インドレモングラスは食用ではなく、蚊取り線香として加工して虫除けに使ったり、エッセンシャルオイルをとってマッサージオイルや石けんを作ったり、ハーブとして風呂に入れたりするのがメインになります。

ハーモニーライフでは、両方の栽培方法を教えました。彼らは研修が終わると同時に、ハーモニーライフの農園から苗を空輸し、武雄市で栽培をはじめました。

私もその後、武雄市に直接出向いて栽培指導や、商品開発についてのアドバイスをしました。先に述べたように、とても用途の広いハーブで薬効が高く、胃腸の消化を助ける働きがあるという効能もあるそうです。特に食事のときに一緒に摂るとよいらしく、タイではその気候から、食あたりするのを防ぐ意味で積極的に摂られるようになったのかも知れません。それに、食事やお茶として摂っても、マッサージオイルとして使っても美肌効果

武雄市樋渡市長と佐藤料理長
（佐藤料理長は SUSTAINA レストランの料理長）

レモングラスの海（川内地区棚田）

レモングラスを使った加工食品も人気

があるのだそうです。

このレモングラスプロジェクトは市役所、農家の方々の努力がうまく噛み合っていて、オーガニック農法と商品開発が成功している好例といえるでしょう。

今では大手の検索エンジンで「レモングラス」を検索すると常に上位に武雄市が表示されるほどメジャーになっています。もちろん、インターネット通販で、ハーブティーや、菓子類、入浴剤、歯磨き粉、食材といったように、様々な形で全国へ商品や加工品を提供しています。

私が驚いたのは、武雄市ではイノシシによる農作物への被害が多く、定期的な駆除をしないとしなければならないと聞いたときのことです。山が多い土地ですから、野生生物も多いのでしょう。しかし、駆除のためとはいえ、獲ったイノシシを捨てるのはもったいないです。話を聞いたところ、食料として使った場合、匂いがキツくて若い雌のイノシシでないと料理にはとても使えなかったのだそうです。

しかし、不思議なことにレモングラスを料理に使うと、あれほどきつかった匂いが消えるのです。しかも、肉も軟らかくなることがわかり、みんな大変喜んだそうです。私も食べさせてもらいましたが、びっくりするぐらい美味しいイノシシ鍋でした。今ではレモングラスを使用したイノシシ鍋も武雄市の立派な名産品になっています。

こうしたことが起こったのも、レモングラスの力だとみんなが口を揃えます。今も１年に２～３回ほど武雄市でミーティングを開いて新しいアイデアなどを出し合うなど、とても良い関係が続いています。樋渡市長にも喜んでいただいていますし、何よりも農家の方々もオーガニック農法に精通できたのは、大きな財産になるでしょう。

●カンボジア

カンボジアには、世界遺産「プレアビヒア寺院」があります。この国では「アンコールワット」が世界的に有名ですが、私にオーガニック農法の指導を依頼した政府の高官は、「アンコールワットは失敗だ」と言っていました。その理由を聞くと、「あんなにすばらしい世界遺産の横にホテルや歓楽街ができてしまった。世界遺産としては申し訳ないと感じている」ということでした。

プレアビヒア寺院はタイとの国境にあります。長い間、タイと所有権をめぐって争いが絶えず、2年前までは紛争が起こっていました。しかし、現在ではタイがカンボジアの所有権を認めたので問題はなくなりました。

カンボジア政府は、アンコールワットの失敗を繰り返さないように、世界遺産でもあるプレアビヒア寺院の20キロメートル四方には何もつくらないと決めたのです。もちろん、エコホテルや街や村もつくりますが、すべて20キロメートル圏外になります。そして、20キロメートル以内には何をつくるかというと、それがオーガニック農法による農園ということだったのです。

狙いとしては、オーガニック農法で農民の生活を支えて、そこでできた農作物や加工品をプレアビヒアブランドとして販売するというとても大きな構想があるのだそうです。

このプロジェクトに大きく関わり、全体の推進に尽力されている方が、インドでもご一緒した、元アジア開発銀行の融資局長で、カンボジア国家経済最高委員会終身特別顧問の森田徳忠氏です。

私は森田氏を通してカンボジア政府からオーガニック農法の指導と製品の開発を依頼され、２０１１年の春からこのプロジェクトのスタートと同時に参画しました。また、このプロジェクトを森田氏と一緒に推進しているのが、台湾で「Ａｓｉａｎ Ｍａｄｅｓ」という会社を経営している後藤氏です。

最初にカンボジア政府の方々と森田氏、後藤氏、私でプレアビヒア寺院の周りの農園を見て回り、気候、土壌、農業用水に使用する水源、現在栽培している農産物などを調べはじめました。

プレアビヒア寺院の周りの土壌の多くは、赤い粘土質で、水持ちは良いが、水はけが悪い、ハーモニーライフ農園の最初のころの土壌とそっくりでした。粘土質の土壌は、繊維質の多い堆肥を使用していけば、水はけのよい土壌に次第に変わっていきます。気候もアンコールワットのある地域よりは涼しいということでした。

２０１１年11月から40日間、カンボジアのオーガニック農園のリーダーたちをハーモニーライフに招いて、オーガニック農法の研修をしました。研修が終わり、２０１２年の2月から実際にカンボジアでオーガニック農法を使った栽培がスタートしました。現在は森田氏や後藤氏、日本のプレアビヒア協会理事長の加藤氏など、多くの方々の協力で、寺院の近くにオーガニック農園と加工品作りの研修所を作り、農民を招いて勉強してもらう計画も進行しています。

この地域は20キロメートル四方ととても広いのが特長です。それを活かせば、いろいろなことが可能になります。私が提案しているのは農作物を栽培するだけでなく、農民の人たちが共同で工場を持って製品化まで行うことです。販売のプロセスまで自分たちで構築すれば、農民は豊かになることができるのです。今までの農業のやり方に終始していれば、オーガニック農法を実践したからといって結局何も変わりません。オーガニックで栽培したから品質が良い、というだけでなく、農民の生活が向上しなければ意味がないのです。

安全な食料を作って、農民も安定して豊かになることが大切です。そうでなければ、今までの農薬と化学肥料を使う農業に戻ってしまうことも考えられます。また、既存の流通

ハーモニーライフにカンボジアの研修生を迎えて

カンボジアの研修生たちと森田氏（後席左から２番目）

に頼ってしまうと、いつまでたっても農民は豊かになることはできません。消費者向けの商品まで作り、マーケットも自分たちで開拓することを含めて指導していくことがとても大事なのです。

私の中で常に頭にあるのが、栽培から流通まで含めた流れをどうやって作るかです。どのように加工してどんな製品を作るか、流通システムをどう作るか、売上をどう分配していくか、ここまで考えないとオーガニック農法は広がらないと考えています。さらにスケールを大きく考えていくことでいろいろなアイデアが浮かんできます。

カンボジアの場合はポル・ポトの時代に知識層の人々が処刑されたという、とても悲惨な歴史があります。その影響は今も大きく、様々なものを作る技術力もカンボジアには足りていません。こうした状況を踏まえながら、日本人の私たちがどうやってカンボジア政府や農民の方々をサポートできるのかを考えています。今はまだはじまったばかりのプロジェクトですが、5年後、10年後にこの地域がどのように発展していくのか、将来がとても楽しみです。

第5章　これからは農家が主役の時代

農家は野菜を売るだけ？

農家は農作物を育て、収穫し、それを売って利益を得ています。売り先となるのは、日本でいえば農協というのがこれまでの流れです。農協が存在しないタイでは市場へ直接持っていく農家もありますが、ほとんどは流通とつなぐことを仕事としているエージェントが、農協のような役割を担っています。

農家は売り手をひとつに絞ることができるという側面もあるとは思いますが、外から見れば何階層にもわたる中間業者がいるだけにも見えます。ハーモニーライフでは、創業当初からエージェントを使わないことに決めていました。なぜなら、その当時は、オーガニック野菜に対する認知度が低く、手間をかけてオーガニック栽培しても、農薬と化学肥料を使用して栽培した野菜と同じ価格でしか、取引されませんでした。手間をかけて栽培したオーガニック野菜を適切な価格で販売するためには、エージェントなどの中間業者を通さず直接消費者に販売するしか方法はありませんでした。また、中間業者を通さずに直接、消費者に届けることができるなら、高価なオーガニック野菜でも安く消費者に届けられ、また、自ら消費者の近くで販売した方が利益も大きいからです。

ハーモニーライフで最初に実践したのは、スーパーマーケットやデパートでの販売です。私が直接そうした施設の野菜売り場へ出向き、棚を確保してもらいました。富裕層が増えている社会ですから、私の農園で作るオーガニック野菜の販売には積極的でした。世界的にも環境問題への意識が高まりはじめた頃のことで、彼らの中にも消費者の新たなニーズが見えはじめていたのです。「身体に良い食べ物」、「自然を破壊しない農法で採れた野菜」という私たちの想いを受け止めてくれたスーパーマーケットやデパートは、いくつもありました。

日本の農家も最近では、直接消費者へ生産した農産物を届ける人が増えてきました。インターネットの普及により、通信販売が受け入れやすい土壌が備わったこともあるでしょうが、中間業者を介在させずに、自ら市場を切り開く姿勢は賞賛に値すると感じています。そうした農家が作る農産物は、安全を謳っていたり実践していたりすることがほとんどのようです。本格的なオーガニックとはいえなくても、これまでの農薬や化学肥料まみれの食品とは大きく違います。売れ行きを見る限り、消費者もそれを敏感に感じ取っているのでしょう。

今までよりも少しだけ、自ら努力してみるだけで、農業はビジネスとして立派に成立するのです。消費者に安全な食品を届たいという考え方がある限り、市場は大きく広がっていくのだと思います。

市場の信頼を勝ち取る

話しを元に戻しましょう。農園で収穫された野菜を直接消費者の窓口に届けられるのですから、利益のアップと共に安全で安心な商品を迅速にお届けできるというメリットもあります。しかし、いくつか問題も出てきました。

先ほども少し触れましたが、創業当初の収穫が安定しなかった時期には、時々棚を空にしてしまうこともありました。いつも売っている野菜が入ってこなくなれば、直接売り手の窓口になっているスーパーマーケットやデパートが消費者に対して信用をなくします。「野菜が届いていないが、まだなのか？」と少しいらだったような声の電話が何度もかかってくることがありました。

収穫が安定していない時期には、店頭に届けたくても届けられない日々が続くこともあります。棚を用意してくれているスーパーマーケットやデパートも、そこだけ空けておくこともできません。ですから、棚を縮小されてしまったり、取られてしまったりするのも仕方がありません。収穫がたくさんあったときに売り場へ持っていくと、他の野菜が場所を占領していたこともあります。信頼関係の上で成り立っている約束ですし、売るものがなければ利益の損失を少なくしようと考えられても仕方がないのです。

また、スーパーマーケットやデパートではもうひとつ大きな問題があります。それは野菜の形です。日本でも同じですが、消費者は形のよい野菜を選ぶ傾向があります。売り場で陳列されているのを見ても、「異様」なほど形のよい野菜が並んでいます。

なぜ、「異様」かというと、野菜を栽培したことがあれば誰でもわかることですが、形のよい野菜に混じって、必ず見た目の悪い野菜も育ちます。また、野菜の大きさもまちまちです。これは自然界の中では当たり前のことですが、大量生産の時代では、こうした形の悪い野菜は捨てられます。市場は形のよい野菜を求めているのですから、不要なものになるのです。しかし、それらの野菜は形が悪いだけで、味はまったく同じです。真っ直ぐなキュウリもあれば、曲がったキュウリも収穫されるのが自然な状態です。形が悪いという理由だけで、それを捨てるという考え方は明らかに間違っています。

ただし、こうした考え方をすべての人に理解してもらうには、まだ時代が追いついていません。しかし、私はこのような野菜たちを捨てることはできません。そこで考えたのは、加工品として流通させることでした。曲がったキュウリも、にんじんも、形のよい野菜と品質は同じです。ほんの少し虫にかじられたナスも、その部分さえきれいに除去してあげれば味も品質も同じなのです。ですから、それを醤油や天然塩、お酢などを使用して、いろいろな漬け物にして加工品にしてみました。タイ人にはなかなか日本の漬け物は受け入れられませんので、タイに駐在されている日本人向けに販売をスタートしました。

次に考えたのはホームデリバリーです。私は直感的に形の悪い野菜でも美味しくいただいてくれる人は必ずいると思っていましたから、タイに在住している日本人に直接届けてみたかったのです。ホームデリバリーでは、自社農園でとれた新鮮な農作物を直接、各家庭にお届けしますので、多くの方々にとても喜んでいただいています。また農産物だけでなく、ハーモニーライフが製造している製品もお届けしています。それが口コミとなって伝播することで、タイ人やバンコクに住んでいる欧米人の中にもデリバリーを使用していただける方が増えてきました。タイ人のお客様の多くは富裕層で、野菜だけでなく他の製品も購入していただけます。ハーモニーライフにはオーガニック農産物や自社工場などで製造した製品を販売するアンテナショップとオーガニックレストランがあり、メンバー制で

品質はまったく同じでも
形のよい野菜ばかりが実るわけ
ではないのがオーガニック農法

の販売をしております。メンバーの方には、ホームデリバリーのサービスも行っており、メンバーの数はバンコクを中心に現在は１０００名を超えました。

形の悪い野菜ができるのは自然のことで、味は見た目のよい野菜とまったく変わらず美味しいことに気がついてくれる人が増えているのは、大変うれしいことです。大量生産、大量販売、大量投棄、この悪循環から早く脱却するには、そうした理解者を増やしていくことだと、強く感じています。

オーガニックを広げるための発信源

多くの消費者の方は、自分が食べている食品がどのような材料を使用しているのか、野菜がどのように栽培されているかもわからないことが多いと思います。オーガニックのことも、農薬や化学肥料がなぜ悪いかも、知らない人がほとんどです。また、深刻な自然破壊や環境破壊を私たち自身が毎日の生活の中で引き起こしていることにも気がついていません。

農業をオーガニック農法に変えるだけで、自然破壊や環境破壊を食い止め、食べ物も安全になり、今、蔓延している癌をはじめとした病気も急激に減少することは確実です。オーガニック農法は、現代社会が抱えている多くの問題を解決する、大きな答えなのです。もちろんオーガニックで栽培した農作物は、とても美味しく生命力に溢れています。

「オーガニックとは一体何なのか？」、「無農薬有機とは何が違うのか？」、「農薬や化学肥料の怖さ、添加物をたくさん使用した食品や製品の怖さ、食の安全とはどういうことなのか？」、「私達が引き起こしている自然破壊と環境汚染を少しでも改善するために私どもが何をしないといけないのか？」など、たくさんのことを少しでも伝えていきたいと考えています。また、「オーガニックで栽培された野菜や果物を実際に目で見て、手で触れて、口にして感じてもらいたい」という思いを発信するために２０１０年5月にオープンしたのが、アンテナショップの「SUSTAINA ORGANIC SHOP & RESTAURANT」（以降、ＳＵＳＴＡＩＮＡ）です。アンテナショップを開く構想はハーモニーライフ農園をはじめたときから思っていました。しかしながら、当初は安定した栽培ができず、オーガニックの製品も少なかったこと、また、資金的にも難しい状況だったため、アンテナショップを開くまでにかなり時間がかかりました。SUSTAINAを開くにあたっては、ある方々より本当に大きな支援をいただきました。SUSTAINAの名前もその方々からいただき、『Sustainability』（持続可能な地球をつくる）という思いも込めて、「SUSTAINA」と命名していただきました。

SUSTAINAの1階はオーガニックショップです。ここでは季節に応じたオーガニック野菜が手に入ります。それと共に、ハーモニーライフで生産される、洗剤や石けん、ハーブティーやハーバルボール、それに農作物を加工したモロヘイヤ麺なども一緒に並びます。大都市のメインロードに面している場所ですから、必然的に多くの人が商品を見て、手に取ることが可能です。タイのバンコクは地理的に世界各国の中継地点としても機能しています。アジア人、白人をはじめ、様々な人種のるつぼです。このような地域に「SUSTAINA」のような施設があれば、世界中に私の思いや、オーガニック製品を届けられる、という願いもあります。

2階と3階はオーガニックレストランです。レストランでは、佐藤尚史料理長が心をこめて調理した美味しいオーガニック創作料理の数々を楽しむことができます。佐藤料理長は私のよきパートナーとして、料理を通してオーガニックを広める活動を長年、協力していただいてます。野菜もお米も穀物もすべてオーガニックで、魚は養殖魚を使わず天然魚だけを使用します。肉類はオーガニックのものが手に入らないため鳥も豚も牛も一切使用しません。化学調味料などの添加物は体に悪いので一切使わず、調味料はすべて手作りであるなど、ここまで徹底したオーガニック料理を出すのはバンコクでもここだけかもしれません。オーガニック料理だけでなく、ハーモニーライフの農作物を使って自然に発酵させた天然酵母を使ったパンやケーキ、クッキーも作っています。特に、モロヘイヤやハーブを使用したパンやクッキーはとても人気です。

４階はミーティンググルームです。ここではオーガニック農法や食の健康、環境改善などについてのセミナーを開催します。世界中の人が、オーガニックに興味を持ち、環境改善の取り組みや、オーガニック栽培の食品を口にするなど、少しずつ関心の輪が広がることを願っています。

ＳＵＳＴＡＩＮＡは２０１０年の開店と同時に多くのお客様に興味を持っていただきました。１階のショップにはいつも多くのお客様がいらっしゃいますし、人種もアジア人ばかりでなく、白人も大勢訪れます。ここで、オーガニック野菜を手に取った人は「食べてみたい」と感じていただけるようです。今までオーガニックに興味がなかった人が、オーガニック野菜についての理解が深まり、食の健康や環境問題にも興味を持つ方も増えてきています。中にはリピーターになってくれるお客様もたくさんいらっしゃるので、反響はとても大きいと思います。

2階、3階へ行けばここに並んでいる野菜と同じものが食べられるので、味見もすぐにできます。外国からここへ訪れ、母国に帰るような人は「この野菜を手に入れたい。どうすればよいのか？　私にもビジネスの手伝いはできるのか？」といった積極的なアタックをしてくれるお客様もいます。そうした場合にもレストランでオーガニックについて詳しく説明できるのです。セミナールームは約40名入ることができます。私たちがセミナーを開くだけでなく、将来は環境問題に真剣に取り組んでいる人へ開放していきたいと考えています。同じ志を持った仲間が、この場所を活用することで、少しでも前進できればと思います。また、ショップにはハーモニーライフで生産された野菜や商品ばかりでなく、タイで農業指導を行っている先の農作物や製品も並びます。ですから、タイで私たちと志を同じくし、オーガニック農法に積極的に取り組んでいる彼らにとっても有効にＰＲできる場でもあるのです。

開店して2年ほど経ちましたが、今ではバンコクでも有名なお店に成長してきました。レストランのランチタイムはほぼ満席状態となり、せっかく来店してくださったのに申し

SASTAINA Organic Shop & Restaurant

オーガニック野菜の販売コーナー

訳ないと思いつつもお断りしなければならないことも多々あります。

旅行サイトや個人のブログで取り上げられることもあります。「地球の歩き方（http://www.arukikata.co.jp/）」で記事になったこともあります。バンコクには「オーガニックしか買わない」というこだわりを持った人も大勢いらっしゃいます。また、タイに長期滞在している日本人もたくさん住んでいます。そうした方々を中心に、口コミで広がっていくのは、大変うれしい現象です。

まだまだオーガニックそのものを知らない人もいますし、オーガニックに興味があっても、どこで買えばよいかわからな人もいます。そんな人たちに向けて、情報を発信したり共有してもらえるのは、ビジネスとしてだけではなく、オーガニックに取り組んできた立場として純粋にうれしいのです。これは、バンコクにショップを持とうとした一番の目的である「オーガニックの情報発信と普及」にもマッチする出来事です。ショップは今もなお成長中ですが、今後もオーガニックについて、様々な情報や美味しい料理を提供できるよう、日々チャレンジし続けていくつもりです。

農業はグローバルマーケットを見据える時代へ

タイでオーガニックによる農業や、環境に配慮した製品を作るようになってから、最初はローカルマーケット、すなわち国内へ向けてのビジネスに注力してきました。「まずは地固め」ではないですが、安定供給できるまではそれがベストだと考えていたからです。しかし、農作物が安定して作れるようになってくると、視野を大きく広げようと思いました。

前職で世界をマーケットにビジネスを展開してきたこともありますが、ハーモニーライフでのビジネスが安定してきたときに、私たちが情熱を注いできたオーガニック農法と、それでできた健康にも環境にもよいこのすばらしい商品を、世界中の人々に届けたいという想いが高まってきました。

実際に海外への販売を実践しはじめたのは２００８年からになります。香港で開催されたフードエキスポのブースを借りて、そこでハーモニーライフの商品をＰＲしました。このブースに出展したのは、以前から香港にある世界中の食材を取り寄せていることで有名な大手スーパーに、ハーモニーライフの野菜をエアコンテナで届けていたこともあり、香港に馴染みがあったこともひとつの理由です。また、その当時はモロヘイヤ麺しか商品がなかったのですが、それでもこのイベントに参加することで、数件の取り引きがまとまりました。このとき、知り合った方々には今でもモロヘイヤ麺を送っています。

香港で一定の成功を感じた私は、アメリカに行くことにしました。２００９年にロサンゼルスで開催されたフードエキスポで、西海岸で開催される健康食品の展示会としてはもっとも規模が大きいものです。

みなさんもご存知の通り、アメリカ人は大変健康に気を遣います。健康食品への関心も非常に高く、それだけに良いものを選ぶ厳しい目も持っているのです。そんなアメリカでのイベントに、ハーモニーライフ農園でオーガニック栽培したモロヘイヤ麺とハーブティーを持参してブースで試食や試飲をしてみたのです。

すると、すぐに何名かのデストリビューターが商談したいと言ってきました。彼らのほとんどが、アメリカ国内のスーパーマーケットに数百から数千店規模の販売網を持っているデストリビューターでした。反響の大きさに驚いていると、一人の男性が声をかけてきました。どうやら彼もハーモニーライフのモロヘイヤ麺に興味を持ってくれたようでした。しばらく商品を見つめていた彼はこう言いました。「命がけでやるから、ハーモニーライフの商品をアメリカで扱う権利をください！」。真剣かつ大声で話しかけてきたのは、ローレンス・アオキと名乗る日系人でした。しかし、よく話を聞いてみると、まだ売り込めるスーパーマーケットやデパートを一件も持っていなかったのです。多少驚きましたが、彼の真摯なまなざしと、熱意は心に伝わってきました。

そのときはすぐに返事はせず、タイに帰ってからもしばらく考えました。数千店規模の販売網を持っている人ならビジネスパートナーとしては、ほぼ間違いないはずです。ここにモロヘイヤ麺を卸したら、すぐにたくさんのスーパーで扱ってもらえるかもしれません。一方、誰よりも熱意はありますが、ローレンス・アオキ氏はまだひとつの商材も販売網も持っていないのです。考えている間も彼からメールが毎日のように届きます。「アメリカを中心にカナダやメキシコにも売り込みたい」、「ぜひやらせてください」と彼の熱意は本物のようでした。よく考えてみれば、数千店舗もの販売網を持っている人は、それなりに多くの商材を扱っています。多い人で数千点の商材を上手にさばいている人もいました。そんな彼らにとって、ハーモニーライフの商品はごく一部の存在でしかありません。しかし、ローレンス・アオキ氏は、私たちの商品以外に取り扱っているものがありません。彼の熱意はそのままハーモニーライフの商品に注ぎ込まれるのです。考えがまとまってきた私はそれからすぐに、彼に連絡しました。「ぜひお願いします」と伝えると、ローレンス・アオキ氏は大変喜んでくれました。

以後、彼の大活躍には目を見張るものがありました。わずか3年でアメリカ西海岸、東海岸はもちろん、カナダ、ハワイ、メキシコの大手スーパーマーケットに次々と販路を作り、モロヘイヤ麺をはじめとしたハーモニーライフの商品を広げてくれたのです。

ローレンス・アオキ氏は、現在でもアメリカやカナダ、メキシコを舞台にがんばってくれています。大きく成長した彼ですが、扱っている商品は未だにハーモニーライフの商品だけです。

この出来事から、まるで商品にも意志、意識があるように感じます。10名ほどのデストリビューターの方から連絡をいただきましたが、縁がありませんでした。「モロヘイヤ麺でなければ扱いたくない」とまで言ってくれたローレンス・アオキ氏とは、現在も大変よいお付き合いをさせていただいています。世界各国でハーモニーライフの製品の取り引きをお願いしている人は、みなさん人柄が良く、環境問題や健康問題にとても真摯に向き合っている人ばかりです。世間では、売れるものだったら、環境に悪くても、健康に悪くても、何でも販売するという人が多くいます。しかし、ローレンス・アオキ氏をはじめと

香港 のブース（2008 年）

USA Ros Natural Products Expo と
同イベント開催時のブース

したハーモニーライフのパートナーの方々にはそれはありません。本当に環境に良く、人間の健康に良いものだけを取り扱っています。そして、着実にゆっくりと成長しています。まるで、私がはじめた当初の農園の畑や野菜たち、ハーモニーライフそのものがそうであるように、少しずつ成長しているのです。こうした世界中のすばらしいパートナーと共に新しいマーケットが開けるのも「オーガニック」と呼べるのかもしれません。

海外進出をしなければ気づかない

こうした出会いを重ねるべく、私は毎年各国で開催されるフードエキスポへ登録し、現地へ行って商品をＰＲし続けています。

２０１０年と２０１２年はシンガポールへ行きました。国土も人口も少なく、マーケットとしては小規模な国です。しかし、そのイベントに訪れる人は、マレーシア人、インドネシア人、フィリピン人、ブルネイ人、オーストラリア人など実に多種多様です。彼らにハーモニーライフの商品を紹介する機会があるのは大変うれしいことです。そのときの縁で、モロヘイヤ麺とハーブティーはシンガポールで人気になっています。インドネシアでも、それらの商品を扱ってくれる人が見つかりましたので、これからが楽しみです。

順風満帆なようですが、成功ばかりではありません。２００９年中東へはじめて訪れました。ドバイで開催されたフードエキスポでしたが、私はてっきり中東ではモロヘイヤがよく食べられているとばかり思っていました。しかし、蓋を開けてみるとドバイの人は、モロヘイヤにあまり馴染みがなく、関心も薄かったのです。よく聞いてみると実際にはエジプトを中心としたアラブ地方でよく食べられる農産物であることがわかりました。アラブ全域から人が集まるイベントでしたから、そうした地方の人にモロヘイヤ麺を食べてもらい、感想を聞いてみました。まず、麺にモロヘイヤを練り込んだというところに驚かれました。彼らはモロヘイヤを口にするとき、ほとんどの場合、山羊や牛の肉と一緒に煮込んだスープとして食べるそうです。実はこの食習慣の違いにより、モロヘイヤ麺は中東地域で苦戦を強いられています。商品に興味を持ってもらい、中東各国で販売をしてくれる人はすぐに見つかったのですが、売上は伸びていません。そのイベントのときにもわかったのですが、彼らは「麺」を食べる習慣がないのです。スープを食べるように器を口に持っていくことはできても、長い麺をうまく口の中に運ぶことができません。イベントの最中も、麺をフォークですくって、器から大きく持ち上げて口に運ぶのですが、食べる途中で麺を下に落としてしまう光景を何度も目にしました。

麺の茹で方や、オススメのレシピなどを教えるのは当たり前だと思っていましたが、食べ方まで教えることになるとは想定外でした。今ではしっかり食べ方も教えていますから、今後は少しずつではありますが、反響は大きくなっていくと予想しています。

失敗や成功を繰り返していますが、ハーモニーライフの商品は世界中へ少しずつ広がりをみせています。国内でしたら、自らマーケットを開いていくこともできますが、海外進出は人との出会いがないと実現は難しいと考えています。身体はひとつしかありませんから、海外へたびたび出かけることもままなりません。よい人脈があれば別ですが、私たちの意思を受け入れてくれて、なおかつ積極的に商品を広げてくれるよきパートナーもそう簡単には見つかりません。また、文化や思想、食習慣などが違う国へ行こうと思ったら、失敗をしなければ気がつかないことも多いのです。

世界各国で開催されるフードエキスポなどのイベントは、そういった要望を叶えてくれる確率の高い出会いの場でもあるのです。しかし、海外で開催されるフードエキスポへ参加して思うのは、私のように農家でありながら積極的にビジネスを展開していこうとしている人が圧倒的に少ないことです。イベントのブースはどれもこれも大手企業が借りていることがほとんどなのです。

これでは、見に来る人もいつもと同じ商品ばかりが目に入るはずです。そんな中に農家がオリジナル商品を持っていけば、そこに目が向くのも自然の流れです。チャンスはじっとしていてもなかなか掴めません。

多くの場合、フードエキスポは前年度に申し込みをしておかないと、ブースを確保できません。また、ブースを借りるにも資金が必要だったり、滞在費や広報活動用の費用も用意したりする必要があります。いつでもアンテナを世界に伸ばし、実行できるチャンスをうかがっておきます。これを心がけるだけでも、グローバルな感覚は身につくはずです。農家自らが海外のマーケットへ出かけてみる。このことは新しいマーケットを作る意味でとても意義のあることだと思います。海外に出て、世界中の人々からいろいろな意見を取り入れ、それをもとにいろいろな商品開発を考えることができます。そして、農業自体も大きな変革ができ、より楽しい農業、若者が生き生きと働ける農業のあり方もそこから見つかるかもしれません。学んだことを活かして、付加価値の高い商品を自ら作り出し、広い視野に立って行動すれば、必ず活路は開けるはずです。

シンガポールのフードエキスポでのブース

食文化の違いに気づかされ、新しいアイデアが生まれるのも海外展開の面白いところ

第6章　アジアで農業に挑戦する意義

農業先進国「日本」？

日本は長い間「農業先進国」と言われてきました。合理的に管理された農地、政府が主導することで安定した生産を行うことを可能とした農業政策、そして全国に拠点をもつ農協などを含む流通システムが日本にはあります。しかし、その裏に隠されてきたのが、農薬問題や化学肥料などによる自然破壊です。

現在、中国などをはじめとしたアジア各国でニュースとなっている、農薬や化学肥料にまみれた危険な農作物も、思い起こせばかつて日本でも同じようなことがよく話題になっていました。本来ならば、農業先駆者として、私たち日本人が先陣を切って正しい農業の普及に努めなくてはならない立場です。しかし、旧態依然とした農業システムはそれを許さず、農家の方々の一部で、歯がゆい思いをしていらっしゃる人もいると聞いています。

私は本書で繰り返しお話ししましたが、大量生産、大量消費、大量投棄の時代は終わらないといけないと思っています。これからは、地球環境に貢献できるような農業を実践し、消費者にも安全・安心な食品を届けていかなくてはなりません。そのためには、企業や組織にばかり任せていてはいけないのです。利益を追わなくてはならないシステムでは変革は難しいのです。たくさん作り、安く売ることは、消費者にとっては安いものを手に入れられる代わりに、生命をおびやかす化学物質を口に含むことになります。

ハーモニーライフの農園には日本人スタッフがいません。現地１００％雇用を目指していた経緯もありますが、日本の農業の在り方をそのままに持ってきても通用しないことが多いからです。やはり現地では現地に合った農業の在り方を学ぶことがとても大切だと思います。「除草剤を撒けばいい」、「化学肥料の方が早く育つ」、「農薬を入れればもっと安定する」といった、歴史が繰り返してきた過ちを正しいこととして学んできたのですから、すぐに脱却できないのも理解できます。しかし、農業経験のない私でも実現できたのです。農業のプロフェッショナルである農家の方々にできないはずはありません。

また、同じことが日本の消費者にも当てはまります。「こんな農薬にまみれた商品は必要ありません」と一声上げるだけでよいのです。「安全で安心な野菜が食べたい」と発信していただければ、世界は必ず変わります。農家の一部はこれまでのやり方を変えるのに抵抗を続けますが、消費者はそれを選ばないだけで済むのです。そうすれば、保守的な農家やそれを支えている保守的な団体なども やり方を変えざるを得ません。ですから、消費者も変わる必要があるのです。自分たちが何を食べているか理解すべきなのです。私たちの身体を作っているのは食べ物そのものです。安全で安心できる食べ物を食べる権利があるのです。

日本には「オーガニック」に類する、あるいは関連されていることを印象づけるような表示が氾濫していました。「有機栽培」、「無農薬栽培」、「無化学肥料栽培」、さらには「減農薬栽培」、「減化学肥料栽培」などのフレーズを目にしたことのある人が大半ではないかと思います。この中で表示に罰則が設けられているのは「有機栽培」だけです(2012年現在)。他の表記を解釈すれば、「無農薬栽培」は化学肥料を使ってもよいですし、「無化学肥料栽培」は農薬が使われることを暗に示していると言えましょう。最初から100%の悪意を持ってこれらの表示をつける人は多くないでしょうが、消費者の印象を良くするために実際の農法とは異なる表示あるいは表現をする人はまだいるようです。

また、中には「少量の農薬や化学肥料は、かえって植物には良いし、毒性もない」という人もいます。例えばAという農薬やBという化学肥料を切り離して検証した結果、無害であることは証明できるかもしれません。しかし、AとBを口に入れた場合、あるいはもっと複雑に「AとBを毎朝食べ、昼食にはCという農薬を浴びて育った野菜、夕食にはDという化学肥料で栽培された野菜を食べたらどうなるか」というのは誰にもわからないのです。さらに農薬や化学肥料の他に、食品加工時に使用されている多種の食品添加物を私たちは毎日食べています。このような人工的に作られた化学物質を含め、実際には各個人が毎食違った食品を口に入れ続けるわけですから、データとして「この添加物は絶対に安全だ」とは誰も言えないのが現実なのです。数十年後、なんとなく体調が悪くなり入院したとしても、それが農薬や化学肥料、食品添加物のせいであるとは絶対に証明することはできない、と言い換えてもよいのです。

また、現代栄養学が忘れてきたことがあります。それは、食品の持つ「生命力」です。現代栄養学は、ビタミンやタンパク質、糖分などの成分構成やカロリー測定など栄養の分析を基準にしてきました。しかし、現代栄養学が見落としたのは、その食品の「生命力」です。「生命力」とは命を養う力のことです。私たち人間は、食品からただ栄養をとるだけでなく、「生命力」をもらって健康を維持しているのです。栄養素がたくさん含まれている食品でも、この「生命力」がない食品はたくさんあります。現在の日本では、ほとんどの人が栄養を十分にとっていると思います。しかし、癌をはじめとした慢性病が蔓延し、子供たちまでこのような病気に侵されているのはなぜでしょうか。それは「生命力」のない食品ばかりを食べているせいだと私は思っています。農薬や化学肥料、食品添加物を多量に使用した食品は、「生命力」のない食品と言ってもよいと思います。

農林水産省でも「有機」「オーガニック」の
表示について厳しい規定を設けている。
(http://www.maff.go.jp/j/jas/jas_kikaku/yuuki.html)

　近年、「工場栽培」あるいは「水耕栽培」と呼ばれる、工場などの建物内で人工的に野菜を栽培する農法がもてやはされています。自然の土壌は使わず人工の光と化学肥料を使い、温度管理も自動化して野菜を栽培します。世間では「農薬を使わないから安全で、動物性の肥料を使わないから衛生的。さらに自然災害にもあわないから安定生産もできる」とアピールしています。しかし、私はこうして栽培された工場野菜に大きな懸念を抱いています。自然界の生き物は、寒さや暑さ、大雨や台風、干ばつ、あるいは病虫害など、厳しい自然環境を克服して育ちます。こうした環境で育まれた作物だからこそ、豊かな「生命力」が宿るのです。人工的に管理された中で育つ工場野菜と厳しい自然の中で育つ野菜の「生命力」が違うのは言うまでもありません。また、私たちが住む土地ごとに土壌の質も、降雨量も、一日の気温差も、日照時間も、風の吹く強さも様々です。このような自然の営みの中で育つからこそ、野菜や果物に絶妙な深い味わいと豊かな香りが醸し出されるのです。

私たちが生まれた日本は四季がはっきりしており、南北に長く高低差もあることから気候風土も住む地域で異なります。そのため、日本各地ですばらしい食文化が育ってきました。このようなすばらしい自然環境を持つ日本で、なぜ工場野菜を作らないといけないのでしょうか。様々な自然の営みが作る絶妙な味わいと豊かな香りの野菜は、工場野菜では決してできないのです。一年中、同じ味の野菜、そして北海道産でも、九州産でも同じ味の野菜を、私たち日本人は本当に食べたいのでしょうか。

オーガニック農法で栽培された野菜は、自然の「生命力」がたくさん含まれた野菜です。すべて自然由来の汚染のない食べ物です。私たちも自然の生き物なのです。自然界にある命の力をたくさんいただくことで、私たちは健康になり、病気も克服できるのです。いくら医療の技術が発展しても、「生命力」のない食べ物を食べている限り、健康でない人はもっと多くなり、病気はさらに増えていくことは間違いありません。私たち農家や食品を生産している企業の責任は、「生命力」のある食品を生産していくことではないでしょうか。

安全・安心を届ける農業へ

食品工場では原料を安く手に入れ、大量にものを作り、そして大量に販売します。消費されなかった分は廃棄します。その分まで見込んで製品価格を設定しますから、当然、削減できる費用については極限まで低く抑えなければ自分たちが崩壊してしまいます。今までの経済システムの中にあって、農家はそうした「モンスター」を相手に利益を得ようともがいてきました。例えば近代化が著しい中国では、日本の高度経済成長期と同じようなことが起こっています。大量生産のために野菜は大量の化学肥料と農薬に漬け込まれて育てられます。中国で野菜用洗剤を見たときは目を疑いました。野菜を一度洗剤で洗ってからでないと食べられないというのです。それほどまでに汚染が進んでいるのは大変悲しいことです。

時代が進み、環境問題や健康問題が注目されるようになり、多くの人が意識を大きく向上させていく中で取り残されつつあるのが、日本の農業ではないでしょうか。栽培した野菜は農協が決めた値段でしか買い取りされません。日本の農家は野菜を栽培し、そのまま農協に卸すだけです。このままでは、いつまでたっても農家は豊かにはなりませんし、農業の変革につながりません。若い人たちは農業に希望を失い、農家から去っていきます。

また、大量生産のために犠牲になっているのは土壌です。農薬と化学肥料を使えば使うほど、土は痩せていきます。しかし、化学肥料や農薬に依存せずとも、野菜や果物はしっかり成長します。これまで述べてきたように、「オーガニック農法は難しくない」のです。例えば、堆肥の匂いを嗅いで「畑の匂いだ」と言って笑っていたのは、それほど昔ではな

地球環境にも、人にも優しい。オーガニック農法が与えてくれるのは、安全と安心だけではない。

いはずです。ほんの少し時代を巻き戻すだけで、自然は戻ってきます。そして、美味しく香りのあったあの野菜をまた味わえるのです。

第4章では、日本の農家でそのことに気づき、安全で安心な野菜を栽培して、インターネット通販で消費者に届け、ビジネスを成功させているというお話をしました。無農薬有機栽培、オーガニック農法には大きなビジネスチャンスも眠っているのです。そして、安全・安心な野菜が作れたら、次は自分たちで加工してみるのです。ハーモニーライフではモロヘイヤ麺やオーガニック酵素飲料、オーガニックハーブティーなどがヒット商品になりました。同じように、簡単でよいですから、小さな工場を持ち、地域の農家全員で知恵を絞り、消費者が喜ぶ商品を開発するのです。その商品は中間業者を介在させずに、自ら販路を切り開いて販売できれば、消費者の方から直接いろいろな意見を聞くこともできますし、その結果、利益も大きくなります。

ここまでやると農業はこれ以上ないほど楽しさを味合わせてくれるビジネスになります。「次はこんな野菜をオーガニック農法で作ろう」、「それを加工して商品を作ろう」、「消費者がすぐに買える販路を作ろう」など、どの工程も楽しさで満ちあふれています。

「地球環境にも悪影響を与えず、消費者の健康も守れる。そして、豊かな暮らしも期待できる」というのも夢物語ではありません。今までの経済システムを破壊し、新しいオーガニック農法で美味しい旬の野菜たちを栽培するだけで、こんなにも大きな取り組みができ、大きなビジネスもできるのです。

もちろん、すべての農業のやり方をすぐに変えることはできないでしょう。しかし、農地の半分を使ってオーガニック農法に取り組むことはできるはずです。例えば町村単位で休耕地があれば、そのスペースを使ってオーガニック野菜を栽培することは可能だと考えます。

オーガニック農法はコツさえ掴めば、私のような素人でも十分にやっていける農法です。ですから、プロの農家の方にできないはずがないのです。オーガニック農法に取り組んでいただければ、必ず生活も変わると断言できます。地球環境はもう手遅れなくらい悪化しています。私たち農業に従事する者はそれを食い止めることができるのです。

絶望を希望に変える

2011年3月11日、東日本大震災という忘れられない大災害が日本を襲いました。甚大な被害を生んだ大津波が、圧倒的な力で広大な農地を押し流していく光景は忘れられません。被害に遭われた方々には謹んでお見舞い申し上げます。

この震災をきっかけとした原発事故の余韻は現在でも続いています。肥沃で四季折々の作物を与えてくれた田畑は、放射性物質というこれまで存在し得なかった、新しい毒素を被ってしまいました。放置しておけば、数十年単位で農作物は植えられません。発生源よりはるか遠くの田畑にも影響を与えています。風に乗った放射性物質の行方は誰にもわかりませんでしたが、収穫された野菜や果物などが悲鳴を上げたことで影響を受けたことがわかった土地もあります。この影響がいつまで続くのか、まったく先が見えないまま農家の方々は暮らしています。放射性物質の影響を受けなかった地域で収穫された農作物も、ひとたび悪い噂が立つと誰にも買われないという風評被害も深刻です。スーパーマーケットに並ぶ野菜には、必ず産地が書かれるようになりました。もっと積極的な店舗では、自前で分析機を購入して、放射線による影響を表示しているところさえあります。これまでの農薬や化学肥料が与えた問題よりも、目に見えず忍び寄ろうとする放射性物質は消費者にとって恐ろしい存在なのです。

別の見方をすると、それまで食品に無頓着だった人も、健康問題に気をつけるようにもなったのだと言えます。健康に育った農作物に対し大変に関心が高まっています。今、世界中でもっとも安全で安心できる食材を欲しがっているのは、ひょっとしたら日本人なのかもしれません。

ギリシャ神話の中に出てくる「パンドラの箱」は、あらゆる厄災を生み出し世界中にまき散らしました。しかし、最後に残っていたのは「希望」です。絶望があっても人々は、希望を持って生きることができた、とその話は結んでいます。

日本にも忘れられない厄災が生まれてしまいました。しかし、大きな災害に見舞われた地域は、復興に向けて着実に歩みはじめています。そこにもうひとさじ、「希望」という名の取り組みを加えることはできないでしょうか。

今後、東北地方は復興を経て、農地は大きく再開発されることになるはずです。このとき、これまで通りの農薬や化学肥料を使った農法ではなく、オーガニック農法への回帰を実行してみたら、とても素敵なことが起こると考えています。まさにピンチをチャンスに変えるときです。大きな変化が難しかった地域でも、この苦難をチャンスに変えるために農業に革命を起こして欲しいのです。そのためにハーモニーライフでできることがあれば、お手伝いしたいと思っています。

現在、日本だけでなく、地球上で大地震や津波、異常気象による大洪水、大型の台風やハリケーンなどの大災害が多発しています。すべてが偶然でないならば、今地球上の各地で起こっている、大洪水や大震災と大津波の意味は何なのでしょうか。

それは私たち人間が築いたこの文明に対する地球からの大きな警告なのかもしれません。現代社会は、すべての生命を育む、かけがえのない土壌や水を化学物質で汚染し、すべての生物の命を守る尊い自然を破壊し続けています。私たち人間だけがこの尊い地球を汚し、破壊しているのです。

このまま人間が意識を変えなければ、さらにひどい災害が起こることも不思議ではないと思います。私たちは、地球からの声に耳を傾け、人間の在り方について、そして自然と人間の調和について、もっと真剣に考えなければならないのではないでしょうか。

地球環境を改善し、食で自然を守る

実に多くの人が環境問題に取り組んでいます。国を挙げて化石燃料への依存を止めたりするケースもありますし、子供たちへの教育に環境問題を取り入れるケースもあります。

こうした大きな取り組みへの参加だけでなく、美味しいオーガニック野菜を食べるだけでも環境へ配慮した取り組みになります。食卓でオーガニック野菜を食べることは、環境問題の解決へ向けてのとても大切な第一歩です。みなさんやみなさんの家族がオーガニック野菜を毎日続けることで、さらなる進歩となり、今よりも大勢の人々がそれに気づいてくれれば、大きく前進するでしょう。

安全で安心な野菜を作ろうとする農家は、オーガニック農法を通じて消費者から信頼を得ることができ、それは豊かな生活と直接的な地球環境への貢献の両方を手に入れることができるのです。オーガニック農法で野菜を作り、それを自らお客様にお届けすることで、この循環の輪に入ってくる人々がみんな幸せになれます。私たち人類と、住む場所を提供している地球にとってこれ以上の喜びはないはずです。

オーガニック農法を取り入れるのも、オーガニック野菜を口にするのも、今日から可能です。人間が意志、意識を変えるだけで、自然と人間が調和したすばらしい社会を実現できるのです。最後に本書を読まれたみなさんが、これからの人生を健やかで笑顔をいつまでも絶やさずに生活できることを心から願っています。

『自然と人間が調和している地球。
地球に存在するすべての生物と、人間が一緒に幸せに暮らせる地球。
そんな地球ができたらいいですね。』

すべての人に、そして地球に。
ハーモニーライフはオーガニック農法
に関わるみんなに笑顔と幸せを
届けたいと願っています

あとがき

オーガニック農法を実践している中で、私が気づいたとても大切なことは「本当に健康な野菜を栽培すれば虫も食べないし、病気にもならない」ということです。これは人間も同じですね。そしてビックリしたことは「虫の役割は不健康な野菜を食べること」なのです。化学肥料や農薬、完熟していない肥料を使用している農場では、間違いなく病虫害が増えます。だから、さらに農薬を使用しなければならなくなります。野菜が病虫害の被害にあうのは、「その野菜を正しく育てていませんよ、何かが足りませんよ、そんな化学物質がたくさん含まれている野菜を食べたらいけませんよ」という、虫からのメッセージだったのです。農薬や化学肥料を使用した土壌は、「病んだ土壌」といってよいと思います。「病んだ土壌」に育つ作物は、「病んだ作物」になります。そのため、それを食べる人間も病んでしまいます。「病んだ作物」を食べることは、人間に備わっている様々な機能を低下させ、結果として健康は失われてしまうのです。

あとがき

野菜にもたくさんの種類がありそれぞれに性質も異なります。それぞれの性質をよく理解し、土壌や肥料、気候をよく理解し、それぞれの野菜にあった育て方を見つけ、愛情を込めて育てることで、健康で生命力のある野菜を作ることができるのです。なにか、子供を育てることによく似ています。子供が何か問題を起こしたり、よく病気にかかったりするのはすべて親や大人に対する警告かもしれません。

ハーモニーライフ農園には早朝、たくさんの小鳥たちがやってきます。小鳥は野菜畑の中で虫を食べます。農園の中で一番先に仕事をしてくれるのは小鳥たちです。農薬を散布している農場には小鳥もやってきません。ハーモニーライフ農園では野菜とともに雑草も一緒に生えています。ところが雑草は雨がひどいときに雨から野菜を守ってくれます。また、強い日差しや乾燥から野菜を守ります。土の中にはミミズや微生物がたくさんいて、有機物を野菜の根が吸収しやすいように分解してくれます。共存共生、自然との調和と循環、そして健康な美味しい野菜ができます。すべて自然の営みです。自然って、本当にすばらしいですね。

私にはまだ学ぶことが山のようにたくさんあります。私の目標は「自然と人間が調和した社会をつくること。誰でも簡単にできるオーガニック農法を確立すること。そして、それをできるだけ多くのみなさんにお伝えすること」です。この本を読んだみなさんにはもう一度、食の原点である農業の大切さを考えていただきたいと思います。なぜなら人間の健康も、すべての生物の生活と自然環境を守ることも、正しい農業があってはじめて可能になるからです。今では、ハーモニーライフ農園にはタイ国内だけでなく、世界中からたくさんの人たちがオーガニック農法を学びに来るようになりました。一人でも多くの方が農業の大切さ理解し、オーガニック農法に取り組んでいくことを切に願っています。

農園のオープンから今年で13年目になります。この13年間、オーガニック農法の難しさにくじけそうになったことは何度もありました。そんなとき、たくさんの方々の温かいサポートをいただき、そのサポートのお陰で、私もハーモニーライフ農園も成長させていただきました。本当に、心から感謝申し上げます。また、私をいつも支えてくれた家族や社員の方々、ハーモニーライフ農園で一緒に取り組んでいただいている農民のみなさん、本当にありがとうございます。最後に、この本を出版するのに、多くの方の援助をいただきました。この場を借りて、心から感謝いたします。

この本が、今までの農業の在り方を大きく変える一助になり、若者も夢と希望を持って働ける農業に、そして食の安全と自然環境を守る農業になることを心から願って…。

２０１２年6月

大賀　昌

推薦の辞

プレアビヒア日本協会 会長　森田徳忠

私の敬愛する大賀昌さんや、私自身の活動の舞台となっているアジアにはまだ美しい自然があり、人は優しい。そしてその人たちには「アジアの知恵」がある。私たちはこのアジアの大地に招かれた客人として、それぞれ別の角度からその自然やそこに住む人たちに何らかのかたちで報いたい、という共通の願いがある。それがひとつになって二人は知り合った。今、オーガニック農法の先駆者としてこの地域に貢献している大賀さんに教わることは多い。

この本は食の安全と自然・環境の大切さを説く。「オーガニック食品を選ぶことによって家族の健康を守ろう。そして、地球からの警告を聞こう。私たちはこの二つに向けて直ちに行動しなければならない」と言う。また、「農薬が地球と自然を滅ぼし、その元凶となっている人類もそのプロセスに巻き込まれ、このままでは破滅から逃れようがないのか。答えは地球に化学薬品を散布することを止めるしかない。今ならまだ間に合う。そのために自分自身が納得できるオーガニック農法を開発し、実践してきた。素人だった自分ができたのだから、農業に携わっている人たちにはぜひ実践して欲しい。社会も、消費者も行動しよう」と言うことを強く、そしてわかりやすく訴えている。そして彼が開発してきたオーガニック農法の秘訣を惜しみなく公開する。自己の利益のために人類の未来を犠牲にする権利は誰にもない。この本からはその精神が読み取れる。繰り返し読んで欲しい。

私たちがかかわっているアジアは将来がある。ヒマラヤを水源とするメコン川は中国・ミャンマー・タイ・ラオス、カンボジアを流れ、ベトナム南部にあるメコンデルタに至る。これらの国々に住む人たちはその母なる川「メコン」と、それに育まれてきた大自然に抱かれて暮らしている。そしてその自然は村人たちが必要とするすべてのものを分け与えてくれた。土や水や空気、それに太陽の輝き、食べるもの、そして仲間。自然はまたその常として村人たちに大きな試練と教訓を残す。そしてそれは彼らが未来を生き抜くために必要な知恵をも育む。「アジアの知恵」は古くからの教えを大切にしながら、つつましく生き、謙虚に考えることから生まれてくる。そしてその謙虚さはアジアの多岐にわたる文化を一手に包み込み、平和の源となる。文化は私たちの住家であり、子供たちは希望である。自然は私たちの友である。そして文化も子供たちも自然と共にこの社会の主役をつとめる。アジアの人たちはこのような自然を舞台として息づいている。

アジアが開発と繁栄を目指すのであればその鍵となるのは平和と安定である。そのために必要なのは農村社会の基盤、つまり農業をしっかり守ることである。これに成功すればこの地域が抱える文化・社会・政治上の問題や、貧困、経済格差、人口増加、自然保護など、私たちが対処すべき課題への解決の糸口はおのずと見えてくるはずである。今まで私たちが進めてきた農業開発の落とし穴は何であったか。何が足りなかったのか。何を見落としていたのか。彼らの権利を誰が守るのか。

「アジアの知恵」、そういったものがあるとすれば、それは一体何なのか。何がその源だったのだろうか、ということをいつも考えている。大事なことはきっと古くからの教えを大切にしながら、つつましく生き、謙虚に考えることから生まれてくる。そしてその謙虚さはアジアの多岐にわたる文化を一手に包み込み、平和の源となる。その中核になるのは農業であり、農村社会の連帯意識、つまり農民の間で守られてきた助け合いの精神、規律、知識の共有などであろう。農耕民族だからこそ、もちえる基盤である。

科学的に証明された数式や定理、あるいは化学記号に基づいた理論で証明された以外のことにはあまり重きを置かないという風潮が、求められている生活環境改革の幅を狭めている。

市場経済の論理を駆使し、利潤追求を経済開発の主目標とする。産業革命の落とし子である。そして勝者だけが世の中を動かし、グローバリゼーションという響きのよい言葉に包まれて人類全体の資産であった土地と自然を我が物のように支配する。生み出された利益は金融資本に姿を変え、世界各地の工業化、都市、リゾート開発などに使われる。そして先祖伝来耕されてきた田畑も農薬と化学肥料の導入で農作物の質とそれを食する私たちの体質まで変える。市場経済の裏側にあるものが私たちの将来に何を突きつけているのかを十分に理解する前に、私たちは競争社会の一員となり、そのまま袋小路に迷い込んでしまった。

言うまでもないが論理的に正しいとされていることさえ追求していけば、人間社会は安定と幸せを手にすることができるというわけではない。私が数学に弱かったから言うわけではないが、論理や数式だけで経済を説明し、それを基に私たちの生活様式を動かすやり方には明らかに欠陥がある。私たちは伝統や、文化、宗教、あるいは民族としての自制心、謙虚さ、人としての尊厳、協調の慣習など、毎日を律している事象とともに育ってきた。その価値観を捨てることなく、同時に経済的利益を農村を含めた社会一般に還元するアプローチの確立は可能であると信ずる。国をリードする人たちと私たち国民の資質の問題である。

重要なことは、開発の進め方やその軸足のすえ方を常に柔軟に考える姿勢とそれを支える自信である。私たちの社会と伝統を守るのは農耕民族の私たちしかいないし、その道を見つけたら勇敢に進むことが大切である。ただそれを口で唱えればすむ、と言うのものではないことはこの本が示してくれている。臆病にならず、謙虚さを忘れず、すぐにでも実施に移す決断力が必要である。私はアジアに居を構えて足掛け40年になる。その間この地域の友人たちに教えられ、彼らと手をたずさえて働いてきた。彼らにはその力がある。地球と子孫を守る鍵は、国境を意識せず自らが作業服を着て現場に立つ決意、さらにそれを通じて本物のエリートたちを育成していくリーダーシップである。大賀さんはその大事な役目の一翼を担っている。もし、アジアを助けることができないとしたら、私たち自身も助けることはできない。それを可能にするのは自らがまず第一歩を踏み出すことである。この本は単なる農業専門書ではない。

著者プロフィール
大賀　昌（おおが　しょう）

1956年宮崎市に生まれる。東海大学海洋学部卒業後1981年からオーストラリア マーシー総合病院に勤務、1985年帰国後（株）日本健康増進研究会入社。1991年 同社台湾勤務、1994年 同社タイ国現地法人社長として赴任。
1999年 退職後タイ国に Harmony Life International Co., Ltd. 及びオーガニック農園の Harmony Life Organic Farm を設立。同社社長として現在に至る。

Harmony Life International Co., Ltd.

1999年創業。モロヘイヤ製品のひとつとしてモロヘイヤ麺の製造をスタート。

2000年タイ国王のプロジェクトのひとつである貧困な農場地域にため池を200ヶ所作るプロジェクトに貢献。この貢献により3000家族1万2千名以上の人々が農業用水を得ることができるようになり生活できるようになる。同年、タイ国政府総理府から特別表彰を受ける。

2001年より環境にやさしい洗剤、石けん、ボディソープなどの開発を開始。

2004年タイ国農業協同組合省のオーガニック農園の認可取得。

2005年から有用微生物を使用した抗酸化酵素及び抗酸化酵素飲料の研究開発を開始。

2006年タイ国農業協同組合省よりタイ国のオーガニックのモデル農園に指定され、オーガニック農法の指導を当社農園、及びタイ国各地で開始。

2007年より環境浄化石けんとして抗酸化酵素使用の洗剤、石けんの製造を開始。同年、抗酸化酵素飲料の製造を開始。

2009年IFOAMのオーガニック国際認可取得。

2011年アメリカ農務省のオーガニック認可USDA、カナダオーガニック認証、EUROオーガニック認証などの国際認可取得。


現在、ハーモニーライフ農園で生産された製品は、世界10カ国以上の国々で販売されている。また、タイ国内の各地、インド、日本、カンボジアでオーガニック農法の指導、及び、食の安全、環境問題の改善にも取り組む。

メコンの大地が教えてくれたこと
大賀流オーガニック農法が生み出す奇跡

2012年7月13日〔初版第1刷発行〕

著　者　大賀 昌

発行人　佐々木紀行

発行所　株式会社カナリア書房
〒141-0031 東京都品川区西五反田6-2-7 ウエストサイド五反田ビル3F
TEL 03-5436-9701　FAX 03-3491-9699
http://www.canaria-book.com

印刷所　株式会社ミツモリ
装　丁　新藤 昇
D T P　ユニカイエ

ISBN978-4-7782-0227-9 C0034

カナリア書房の書籍ご案内

飲食ビジネスをするならアジアが熱い！

アジアで飲食ビジネスチャンスをつかめ！

著者：ブレインワークスアジアビジネスサポート事業部
アセンティア・ホールディングス 土屋 晃
2011年7月発刊　定価1,400円（税別）
ISBN 978-4-7782-0192-0

日本式フランチャイズ・ビジネスの強み、日本流ホスピタリティの強みを活かし、アジアという広大なフロンティアへ飛び出そう！

アジアではまだまだ外食マーケットは開拓できる余地が残されている。日本流飲食ビジネスの手法で果敢にチャレンジすべし！

アジアの視点で農業を斬る！

アジアで農業ビジネスチャンスをつかめ！

著者：近藤昇・畦地裕
2010年4月発刊　定価1,400円（税別）
ISBN 978-4-7782-0135-7

日本の農業のこれからを考えるならアジアなくして考えられない。

農業に適した土地柄と豊富な労働力があらたなビジネスチャンスをもたらす。

活気と可能性に満ちたアジアで、商機を逃すな！

中小企業アジア戦略必読本

アジアでビジネスチャンスをつかめ！

著者：ブレインワークス
近藤昇・佐々木紀行
2009年6月発刊　定価1,400円（税別）
ISBN 978-4-7782-0106-7

今、世界が注目するアジアですでに10年以上ビジネスに携わってきた著者の経験とノウハウをふんだんに盛り込み、わかりやすく解説。

なぜ中小企業がアジアを目指すべきなのかが、この1冊を読めばわかるはずだ。